U0161077

统计与数据科学丛书 7

敏感性试验的优化设计及参数估计

田玉斌　王典朋　著

科学出版社

北京

内 容 简 介

本书是有关敏感性试验设计方法、统计性质、应用的一部论著. 全书详细介绍当前国际上较为经典的敏感性试验设计和广义敏感性试验设计及相关统计性质. 全书共五章: 第 1 章简要介绍传统敏感性试验设计; 第 2 章介绍有代表性的敏感性优化试验设计, 包括设计的优化准则和有效算法; 第 3 章介绍广义敏感性优化试验设计, 包括两个二元响应和混合响应的优化试验设计方法; 第 4 章介绍响应分布的拟合方法; 由于在敏感性试验数据下模型参数的估计没有解析解, 第 5 章基于 Python 语言给出敏感性试验设计及相关参数估计的算法实现和示例. 详细的程序代码见封底二维码.

本书可供从事试验设计研究和应用的研究生、教师、工程技术人员参考使用.

图书在版编目(CIP)数据

敏感性试验的优化设计及参数估计/田玉斌, 王典朋著.—北京: 科学出版社, 2024.6

(统计与数据科学丛书; 7)

ISBN 978-7-03-076780-6

I. ①敏⋯ II. ①田⋯ ②王⋯ III. ①试验设计 IV. ①O212.6

中国国家版本馆 CIP 数据核字(2023) 第 202707 号

责任编辑: 李 欣 范培培 / 责任校对: 彭珍珍
责任印制: 张 伟 / 封面设计: 无极书装

科 学 出 版 社 出版

北京东黄城根北街 16 号
邮政编码: 100717
http://www.sciencep.com

涿州市般润文化传播有限公司印刷
科学出版社发行 各地新华书店经销
*
2024 年 6 月第 一 版 开本: 720 × 1000 1/16
2024 年 6 月第一次印刷 印张: 11 3/4
字数: 237 000
定价: 88.00 元
(如有印装质量问题, 我社负责调换)

"统计与数据科学丛书" 序

统计学是一门集收集、处理、分析与解释量化的数据的科学. 统计学也包含了一些实验科学的因素, 例如通过设计收集数据的实验方案获取有价值的数据, 为提供优化的决策以及推断问题中的因果关系提供依据.

统计学主要起源对国家经济以及人口的描述, 那时统计研究基本上是经济学的范畴. 之后, 因心理学、医学、人体测量学、遗传学和农业的需要逐渐发展壮大, 20 世纪上半叶是统计学发展的辉煌时代. 世界各国学者在共同努力下, 逐渐建立了统计学的框架, 并将其发展成为一个成熟的学科. 随着科学技术的进步, 作为信息处理的重要手段, 统计学已经从政府决策机构收集数据的管理工具发展成为各行各业必备的基础知识.

从 20 世纪 60 年代开始, 计算机技术的发展给统计学注入了新的发展动力. 特别是近二十年来, 社会生产活动与科学技术的数字化进程不断加快, 人们越来越多地希望能够从大量的数据中总结出一些经验规律, 对各行各业的发展提供数据科学的方法论, 统计学在其中扮演了越来越重要的角色. 从 20 世纪 80 年代开始, 科学家就阐明了统计学与数据科学的紧密关系. 进入 21 世纪, 把统计学扩展到数据计算的前沿领域已经成为当前重要的研究方向. 针对这一发展趋势, 进一步提高我国的统计学与数据处理的研究水平, 应用与数据分析有关的技术和理论服务社会, 加快青年人才的培养, 是我们当今面临的重要和紧迫的任务. "统计与数据科学丛书" 因此应运而生.

这套丛书旨在针对一些重要的统计学及其计算的相关领域与研究方向作较系统的介绍. 既阐述该领域的基础知识, 又反映其新发展, 力求深入浅出, 简明扼要, 注重创新. 丛书面向统计学、计算机科学、管理科学、经济金融等领域的高校师生、科研人员以及实际应用人员, 也可以作为大学相关专业的高年级本科生、研究生的教材或参考书.

朱力行

2019 年 11 月

前　言

　　敏感性试验设计始于 20 世纪初切斯特·布利斯 (Chester Bliss) 关于杀虫剂计量与虫子被灭杀概率之间关系的概率单位分析 (probit analysis) 研究, 他的模型中 "半数致死量"(percent lethal dose, LD-50) 是最重要的参数, 该参数表示以 50% 概率杀灭虫子的杀虫剂计量. 至 20 世纪中叶, 已经成功应用于毒理学 (toxicology) 研究的概率单位分析引起了燃爆产品可靠性研究领域的高度关注. 其中, 关心的参数不仅是 LD-50 (以 50% 概率响应的刺激量), 更多关注的是 LD-20 或者 LD-80 (以 20% 概率响应的刺激量或者以 80% 概率响应的刺激量). 由此, 如何更好地收集数据并精确估计这些关心参数的问题真正开启了敏感性试验设计的研究. 敏感性试验设计的目的通常是估计模型参数或者估计模型某一特定的分位数. 从 20 世纪中叶直到 21 世纪, 敏感性试验设计研究经过了 70 多年的发展历史, 研究内容包含刺激-响应模型、中小样本量下用于估计模型分位数或者极端分位数 (例如 LD-99 或者 LD-99.9) 的有效试验设计等. 试验方法也从简单地根据试验结果调整试验水平到优化序贯试验设计. 许多学者, 如 W. J. Dixon, A. M. Mood, B. T. Neyer, H. Robbins, S. Monro, Ying Zhiliang, C. Jeff Wu, David M. Steinberg, V. Roshan Joseph, 田玉斌, 王典朋等陆续开展了相关的试验设计及其性质的研究, 并推动着敏感性试验设计的发展. 随着时代的发展, 一些简单有效的方法被陆续编制为美国军用标准和我国军用标准等.

　　本书包含了目前国际上有代表性的敏感性试验设计方法, 以及作者参与研究获得的高效敏感性试验设计和广义敏感性试验设计方法; 给出了这些设计的思想、优化准则、算法和比较研究. 由于敏感性试验设计涉及的模型参数估计大多没有解析解, 需要有效的数值算法, 为了方便读者使用, 本书给出大多数敏感性试验设计的Python代码和应用举例.

　　本书共 5 章, 田玉斌编写第 1—3 章, 王典朋编写第 4—5 章. 由于作者水平有限, 不当之处, 敬请批评指正, 以便作者不断修正和提高, 既为我国敏感性试验设计发展奠定坚实基础, 也为相关领域的应用提供科学的方法论和有效的计算算法.

最后, 感谢博士生白天、刘玉霞参与本书的部分研究工作和 Latex 编译工作. 科学出版社为本书的出版给予了大力支持, 在此一并致谢.

作　者

2020 年 12 月于北京理工大学

目　　录

第 1 章　传统敏感性试验设计

在一些燃爆试验、药剂试验和心理试验中, 经常做如下假设: 受试样品对于刺激存在临界水平 (该临界水平不可观测), 当试验施加的刺激水平 (也称为试验水平) 与样品的临界水平具有某种关系时, 试验结果为响应, 否则为不响应. 为了了解试验对象临界水平 X 的概率分布 $F(x)$ 的某种特征, 需要进行有效的试验来获得试验水平 $x_1, \cdots, x_n$ 处的响应结果 $y_1, \cdots, y_n$, 并基于试验数据对该特征进行统计推断. 美国工程院院士 C. Jeff Wu 于 1985 年将上述过程称为敏感性试验设计, 并将 $F(x)$ 称为响应分布[1]. 从此, 敏感性试验设计研究形成了试验设计的一个研究方向. 传统敏感性试验设计方法的主要目的是估计响应分布 $F(x)$ 的中位数 $\xi_{0.5}$. 在燃爆试验中, 根据试验对象不同, $\xi_{0.5}$ 被称为 50% 发火点、50%发火感度值或者 50% 响应点等. C. Jeff Wu 和 V. R. Joseph 曾指出, 如果以估计响应分布 $F(x)$ 的分位数为目的, 序贯试验设计是最有效的设计方法. 在序贯试验设计中, 任取 n 个样品顺序进行试验, 假设第 k 次试验的试验水平为 x_k, 对应的响应变量为 Y_k, 实际响应结果为 y_k, 那么第 $k+1$ 次试验的试验水平 x_{k+1} 由前 k 次试验水平 $\{x_1, \cdots, x_k\}$ 与响应结果 $\{y_1, \cdots, y_k\}$ 来确定.

1.1　升　降　法

在燃爆试验中, 通常有如下现象: 如果试验施加的刺激水平大于样品的临界水平, 试验结果为响应 ($y = 1$); 否则试验结果为不响应 ($y = 0$). 针对这种情况, W. J. Dixon 和 A. M. Mood 于 1948 年基于正态响应分布 $N(x|\mu, \sigma^2)$, 提出了升降法. 1973 年, L. D. Hampton, G. D. Blum 和 J. N. Ayres 针对 Logistic 响应分布 $L(x|\mu, \sigma^2)$, 研究了升降法以及相应的数据分析方法. 我国许多学者对升降法及相应的参数估计方法也进行了深入的研究, 详见文献 [2-4].

在升降法中, 响应分布通常假设为 $F(x) = G((x-\mu)/\sigma)$, 其中 μ 为位置参数, σ 为刻度参数. 在进行试验之前, 预先给定参数 μ 和 σ 的猜测值 μ_{guess} 和 σ_{guess}. 令初始试验水平为 $x_1 = \mu_{\text{guess}}$, 试验步长为 $\Delta = \sigma_{\text{guess}}$, 按照如下步骤选择后续试验水平:

$$x_{i+1} = x_i - 2(y_i - 0.5), \quad i = 1, 2, \cdots, n-1, \tag{1.1}$$

其中, n 为试验样本量.

基于升降法试验获得的数据 $\{(x_1, y_1), (x_2, y_2), \cdots, (x_n, y_n)\}$, 对应的似然函数为

$$
\begin{aligned}
L(\mu, \sigma) &= P(Y_1 = y_1, \cdots, Y_n = y_n) \\
&= P(Y_1 = y_1)P(Y_2 = y_2 | Y_1 = y_1) \\
&\quad \cdots P(Y_n = y_n | Y_1 = y_1, \cdots, Y_{n-1} = y_{n-1}) \\
&= \prod_{i=1}^{n} p_i^{y_i}(1 - p_i)^{1 - y_i},
\end{aligned}
\tag{1.2}
$$

其中, $p_i = G((x_i - \mu)/\sigma)$. 2001 年, M. T. Chao 和 C. D. Fuh[42] 将试验水平 $\{x_1, x_2, \cdots, x_n\}$ 视作马氏链的一段轨道, 也建立了类似的似然函数. 给定试验数据, 似然函数 (1.2) 是参数 μ 和 σ 的函数. 通过最大化 (1.2) 可以获得参数的极大似然估计 (MLE) $\hat{\mu}$ 和 $\hat{\sigma}$. 1981 年, M. J. Silvapullel[14] 指出参数 $\hat{\mu}$ 和 $\hat{\sigma}$ 的极大似然估计存在唯一的充要条件是试验数据满足条件

$$
(x_{\min}^+, x_{\max}^+) \cap (x_{\min}^-, x_{\max}^-) \neq \varnothing,
\tag{1.3}
$$

其中, $x_{\min}^+(x_{\max}^+)$ 表示试验结果为响应的最小 (最大) 的试验水平, $x_{\min}^-(x_{\max}^-)$ 表示试验结果为不响应的最小 (最大) 的试验水平. 在敏感性试验设计中, 通常将条件 (1.3) 称为数据具有交错区间. 公式 (1.2) 的极值点没有解析解, 文献 [3, 5] 给出了相应的近似求解公式. 目前, 在实际应用中通常是借助 R 或 Python 等软件获得 $\hat{\mu}$ 和 $\hat{\sigma}$ 的数值解. 由于升降法简单、易操作, 它被编入美国军用标准 MIL-STD-331B (1989) 和中国军用标准 GJB/Z 377A—94.

算法 1.1 给出了升降法试验步骤的伪代码, 本书利用 Python 对其进行实现和模拟. 图 1.1 给出了一组升降法试验的模拟数据, 其中真实响应分布为位置参数 $\mu = 10$、刻度参数 $\sigma = 1.0$ 的正态分布, 模拟试验的初始猜测为 $\mu_{\text{guess}} = 10$, $\sigma_{\text{guess}} = 1.5$, 试验样本量 $n = 40$. 从图 1.1, 我们不难发现, 当试验结果为不响应时, 下一次试验水平增加一个步长 σ_{guess}; 当试验结果为响应时, 试验水平降一个步长 σ_{guess}.

算法 1.1   升降法试验步骤

1: **输入**: 位置参数 μ 的猜测值 μ_g, 刻度参数 σ 的猜测值 σ_g, 试验样本量 n

2: **输出**: 样本量为 n 的升降法试验设计

3: 令 $j = 0$, $\Delta = \sigma_g$

4: **while** $j < n$ **do**

5:     **if** $j == 0$ **then**

```
6:        x_{j+1} = μ_g
7:      else
8:        x_{j+1} = x_j − 2(y_j − 0.5)
9:      end if
10:   在 x_{j+1} 处进行试验, 记录相应的试验结果 y_{j+1}
11:   j = j + 1
12: end while
```

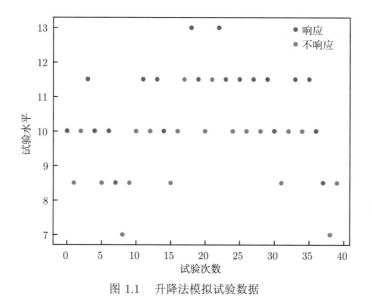

图 1.1   升降法模拟试验数据

例 1.1   2006 年, 某工厂希望验证其生产的某类燃爆产品在 12V 处的响应概率小于 5%, 在 25V 处的响应概率大于 95%. 工程人员利用升降法进行了敏感性试验, 并对该燃爆产品的 0.05 和 0.95 分位数进行估计. 在试验的开始阶段, 工程人员对位置参数的猜测值为 18, 采用的步长为 1. 在经过 9 次试验之后, 工程师对试验区域有了新的认识. 开始以 0.25 为步长的新升降法试验. 图 1.2 给出了升降法试验数据. 基于观测数据, 位置参数和刻度参数的极大似然估计为 $\hat{\mu} = 18.9996$ 和 $\hat{\sigma} = 0.6510$. 图 1.3 给出了基于升降法试验数据获得的响应分布的估计. 通过计算, 我们可以获得响应分布的 0.05 分位数的估计为 $\hat{\xi}_{0.05} = \hat{\mu} + \Phi^{-1}(0.05)\hat{\sigma} = 17.9288 > 12$ 以及 0.95 分位数为 $\hat{\xi}_{0.95} = \hat{\mu} + \Phi^{-1}(0.95)\hat{\sigma} = 20.0704 < 25$, 其中 $\Phi^{-1}(p)$ 表示标准正态分布的 p 分位数. 从而获得该型号燃爆产品满足在 12V 处的响应概率小于 5%, 在 25V 处的响应概率大于 95% 的要求.

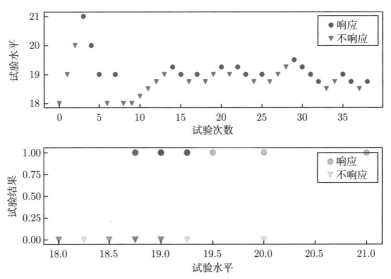

图 1.2　某工厂对某型号燃爆产品进行升降法试验的数据

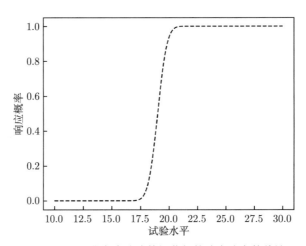

图 1.3　基于升降法试验数据获得的响应分布的估计

1.2　兰格利法

　　1962 年, H. J. Langlie 基于正态响应分布 $N(x|\mu, \sigma^2)$, 提出一个估计 $\xi_{0.5}$ 的序贯试验方法, 记为兰格利法[6]. 该方法需要预先确定试验水平的下限 L 和上限 U, 并且满足: ① 若在低于 L 的试验水平处进行试验, 不响应的概率很大; ② 若在高于 U 的试验水平处进行试验, 响应的概率很大. H. J. Langlie 建议在试验前先对参数 μ 和 σ 的值进行猜测, 即给定 μ_{guess} 和 σ_{guess}. 然后按照以下方式确定

试验水平的上限和下限分别为

$$L = \mu_{\text{guess}} - 4\sigma_{\text{guess}}$$

$$U = \mu_{\text{guess}} + 4\sigma_{\text{guess}}.$$

应用兰格利方法, 第一次试验水平取为 $x_1 = (L+U)/2$, 设其试验结果为 y_1. 如果第一次试验结果为响应, 即 $y_1 = 1$, 则第二次试验水平取为 $x_2 = (x_1 + L)/2$. 否则, 取第二次试验水平为 $x_2 = (x_1 + U)/2$. 对应的试验结果记为 y_2. 第 $k+1$ 次试验水平按照如下的方式来确定, 其中 $k \geqslant 2$. 从第 k 次试验开始, 往回寻找首次满足响应计数和不响应计数相等的试验次数 l, 即从第 l 次试验到第 k 次试验中有 $(k-l+1)/2$ 次结果为响应而其余的 $(k-l+1)/2$ 次结果为不响应. 如果存在这样的 l, 则取第 $k+1$ 次试验水平为 $x_{k+1} = (x_k+x_l)/2$. 在找不到满足这样条件的 l 时: 如果 $y_k = 1$, 取 $x_{k+1} = (x_k + L)/2$; 如果 $y_k = 0$, 取 $x_{k+1} = (x_k+U)/2$. 兰格利方法的思想是设计试验水平, 使得观测到的响应次数和不响应次数近似相等. 完成 n 次试验后, 记试验数据为 $\{(x_1,y_1),(x_2,y_2),\cdots,(x_n,y_n)\}$. 基于这些试验数据, 最大化似然函数 (1.2) 可以获得参数 μ 和 σ 的极大似然估计 $\hat{\mu}$ 和 $\hat{\sigma}$. 利用 Python 软件编制的相应算法模块见第 6 章.

文献 [2-4, 6] 将兰格利方法推广至位置-刻度族响应分布, 并详细讨论了响应分布参数估计的性质. 与升降法一样, 兰格利方法也被列入美国军用标准 MIL-STD-331B 和中国军用标准 GJB/Z 377A—94.

算法 1.2 给出了兰格利方法试验步骤的伪代码, 图 1.4 给出了一组兰格利方法的模拟试验数据, 其中真实的响应分布为位置参数 $\mu = 10$、刻度参数 $\sigma = 1.0$ 的正态分布, 模拟试验的初始猜测为 $L = 0, U = 20$, 试验样本量 $n = 40$. 从图 1.4 可以看出, 兰格利方法一直试图将试验水平集中在具有 50%响应概率的试验水平附近.

算法 1.2　　兰格利法试验步骤

1: **输入**: 试验上限 U 和试验下限 L, 试验样本量 n
2: **输出**: 样本量为 n 的兰格利试验设计
3: 令 $j = 1$
4: **while** $j \leqslant n$ **do**
5:　　**if** $j == 1$ **then**
6:　　　　$x_j = 0.5(L+U)$
7:　　**else**
8:　　　　令 $i = 1$, contres $= 0$, contnon $= 0$
9:　　　　**while** $j - i > 0$ **do**
10:　　　　　**if** $y_{j-i} == 1$ **then**

```
11:                contres = contres + 1
12:            else
13:                contnon = contnon + 1
14:            end if
15:            if contres == contnon then
16:                x_j = 0.5(x_{j-1} + x_{j-i})
17:                break
18:            end if
19:        end while
20:        if contres ! = contnon then
21:            if y_{j-1} == 0 then
22:                x_j = 0.5(x_{j-1} + U)
23:            else
24:                x_j = 0.5(x_{j-1} + L)
25:            end if
26:        end if
27:    end if
28:    在 x_j 处进行试验, 记录相应的试验结果 y_j
29:    j = j + 1
30: end while
```

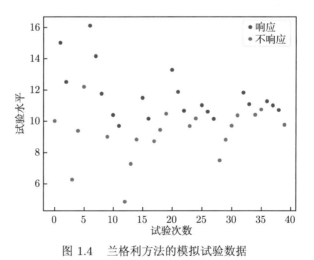

图 1.4　兰格利方法的模拟试验数据

例 1.2　1991 年, 某工厂关心 D-6 乙炮弹底火的响应分布曲线的 0.9 和 0.99 分位数. 工程师利用兰格利方法进行了样本量为 20 的敏感性试验, 收集数据对 D-6 乙炮弹底火的响应分布曲线的 0.9 和 0.99 分位数进行估计. 根据工程经验,兰格利方法试验的上限和下限分别选择为 $U = 5$ 和 $L = 0.5$. 图 1.5 给出了兰格利方法试验数据. 基于试验数据, 利用 Python 软件求解得位置参数和刻度参数的 MLE 分别为 $\hat{\mu} = 1.7530$ 和 $\hat{\sigma} = 0.1413$. 图 1.6 给出了基于兰格利方法试验数据获得的 D-6 乙炮弹底火的响应分布的估计, 求得工程师关心的 0.9 和 0.99 分位数估计分别为 $\hat{\xi}_{0.9} = \hat{\mu} + \Phi^{-1}(0.9)\hat{\sigma} = 1.9341$ 和 $\hat{\xi}_{0.99} = \hat{\mu} + \Phi^{-1}(0.99)\hat{\sigma} = 2.0818$.

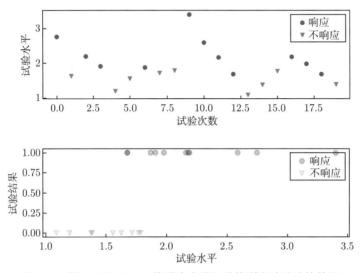

图 1.5　某工厂对 D-6 乙炮弹底火进行兰格利方法试验的数据

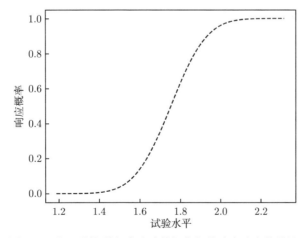

图 1.6　基于兰格利方法试验数据获得的响应分布的估计

1.3   OSTR 法

1974 年, 为了估计响应分布 $F(x) = G((x - \mu)/\sigma)$ 的 $p\,(p \neq 0.5)$ 分位数, K. E. Seymour 提出了 OSTR 法. 该方法的试验步骤可以总结如下:

(1) 对于事先给定的概率 p, 计算满足 $p^m \approx 1/2$ 的正整数 m.

(2) 类似兰格利法, 给出试验水平下限 L 和上限 U.

(3) 取第一个试验水平为 $x_1 = (L + U)/2$, 在此试验水平下持续最多进行 m 次试验. 如果所有的试验结果均为响应, 则记 $y_1 = 1$; 否则, 一旦出现不响应, 则停止试验, 并记 $y_1 = 0$.

(4) 如果第一个试验水平处的结果为 $y_1 = 1$, 则取第二个试验水平为 $x_2 = (x_1 + L)/2$. 否则, 取第二个试验水平为 $x_2 = (x_1 + U)/2$. 按照上述方法进行试验获得该水平处试验结果 y_2.

(5) 与兰格利法类似, 确定第 $k + 1$ 次试验的水平时 $(k \geqslant 2)$, 从第 k 次试验开始, 往回寻找首次满足 $y = 1$ 计数和 $y = 0$ 计数相等的试验次数 l, 即从第 l 次试验到第 k 次试验有 $(k - l - 1)/2$ 个结果为 $y = 1$, 而其余的 $(k - l - 1)/2$ 个结果为 $y = 0$. 如果存在这样的 l, 则取第 $k + 1$ 次试验的水平为 $x_{k+1} = (x_k + x_l)/2$. 如果找不到满足条件的 l, 当 $y_k = 1$ 时, 取 $x_{k+1} = (x_k + L)/2$; 当 $y_k = 0$ 时, 取 $x_{k+1} = (x_k + U)/2$.

OSTR 法的设计思想是进行分布变换 $H(x) = [F(x)]^m$, 使得响应分布 $F(x)$ 的 p 分位数 ξ_p 近似等价于分布 $H(x)$ 的 0.5 分位数. 然后应用兰格利法设计试验水平使其尽可能集中在 $H(x)$ 的 0.5 分位数 (也即 ξ_p) 附近, 希望数据包含更多关于 ξ_p 的信息并且能够较好地估计 ξ_p. 例如, 估计响应分布 $F(x)$ 的 $p = 0.79$ 分位数 $\xi_{0.79}$ 时, 取 $m = 3$. 此时 $\xi_{0.79}$ 满足 $H(\xi_{0.79}) = [F(\xi_{0.79})]^3 \approx 0.5$, 它近似等于 $H(x)$ 的 0.5 分位数.

令第 k 次试验水平 x_k 处的响应样品数为 S_k, 实际观测数据为 s_k, $1 \leqslant k \leqslant n$, 则对应的似然函数为

$$L(\mu, \sigma) = P(S_1 = s_1, \cdots, S_n = s_n)$$

$$= P(S_1 = s_1)P(S_2 = s_2 | S_1 = s_1) \cdots P(S_n = s_n | S_1 = s_1, \cdots, S_{n-1} = s_{n-1})$$

$$= \prod_{i=1}^{n} p_i^{s_i}(1 - p_i)^{\mathrm{sgn}(m - s_i)}, \tag{1.4}$$

其中 $p_i = F(x_i) = G((x_i - \mu)/\sigma)$, $\mathrm{sgn}(m - s_i)$ 为 $m - s_i$ 的符号函数. 同样, 最大化式 (1.4) 没有显式解. 通常是使用 R 或 Rython 等软件利用数值方法求解 (1.4) 的最大值点, 相应算法模块见第 6 章.

基于观测数据 $\{(x_1, y_1), (x_2, y_2), \cdots, (x_n, y_n)\}$, 可以构造不同的似然函数

$$\widetilde{L}(\mu, \sigma) = \prod_{i=1}^{n} \widetilde{p}_i^{y_i} (1 - \widetilde{p}_i)^{(1-y_i)}, \tag{1.5}$$

其中 $\widetilde{p}_i = H(x_i) = [F(x_i)]^m = [G((x_i - \mu)/\sigma)]^m$. 文献 [2] 指出, 基于两个不同似然函数求得的参数 (μ, σ) 的极大似然估计相差不大.

算法 1.3 给出了 OSTR 法试验步骤的伪代码, 图 1.7 给出了一组 OSTR 法试验的模拟数据, 其中初始猜测 $\mu_{\text{guess}} = 9$, $\sigma_{\text{guess}} = 1.25$, $m = 3$, 试验样本量 $n = 25$. OSTR 法也是美国军用标准 MIL-STD-331B 和中国军用标准 GJB/Z 377A—94 建议的一个方法. 当 p 较大时, OSTR 法所需样本量较大, 而且估计精度依赖于变换分布 $H(x)$ 的形状, 目前在国际上研究和应用都不多.

算法 1.3 OSTR 法试验步骤

1: **输入:** 试验上限 U 和试验下限 L, 试验样本量 n, 目标概率 p
2: **输出:** 样本量为 n 的 OSTR 试验设计
3: 令 $j = 1$
4: 计算 $\arg\min_m |p^m - 0.5|$
5: **while** $j \leqslant n$ **do**
6:     **if** $j == 1$ **then**
7:         $x_j = 0.5(L + U)$
8:     **else**
9:         令 $i = 1$, contres $= 0$, contnon $= 0$
10:         **while** $j - i > 0$ **do**
11:             **if** $y_{j-i} == 1$ **then**
12:                 contres $=$ contres $+ 1$
13:             **else**
14:                 contnon $=$ contnon $+ 1$
15:             **end if**
16:             **if** contres $==$ contnon **then**
17:                 $x_j = 0.5(x_{j-1} + x_{j-i})$
18:                 break
19:             **end if**
20:         **end while**
21:         **if** contres $!=$ contnon **then**
22:             **if** $y_{j-1} == 0$ **then**
23:                 $x_j = 0.5(x_{j-1} + U)$
24:             **else**
25:                 $x_j = 0.5(x_{j-1} + L)$
26:             **end if**

27:　　　　**end if**

28:　　**end if**

29:　　令 $e = 1$

30:　　**while** $e \leqslant m$ **do**

31:　　　　在 x_j 处进行试验, 结果记为 y_{je}

32:　　　　**if** $y_{ie} == 1$ **then**

33:　　　　　　$e = e + 1$

34:　　　　**else**

35:　　　　　　break

36:　　　　**end if**

37:　　**end while**

38:　　**if** $e == m$ && $y_{je} == 1$ **then**

39:　　　　$y_i = 1$

40:　　**else**

41:　　　　$y_i = 0$

42:　　**end if**

43:　　$j = j + 1$

44: **end while**

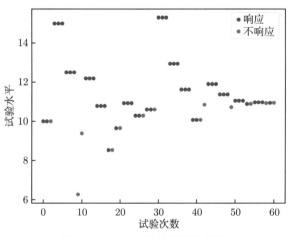

图 1.7　OSTR 法模拟试验数据

第 2 章 敏感性优化试验设计

20 世纪 80 年代以来, 国防科技部门对高效的敏感性试验设计的需求日益加大, 各国学者结合优化设计的思想, 发展了一系列敏感性试验的优化设计方法, 包括 D-最优方法、Wu 方法、优化随机逼近方法、3pod 优化试验设计等. 这些方法大致可以分为两类, 一类是以精确估计响应分布的参数为目的, 例如 D-最优方法; 另一类是以精确估计响应分布的分位数 ξ_p 为目的, 例如 Wu 方法、优化随机逼近方法、3pod 优化试验设计等.

2.1 D-最优方法

2.1.1 经典 D-最优方法

1994 年, B. T. Neyer 基于位置-刻度族响应分布 $G((x-\mu)/\sigma)$, 提出 D-最优方法[7], 其目的是较好地估计响应分布的位置参数 μ、刻度参数 σ 以及相应的 p 分位数 $\xi_p = \mu + \sigma G^{-1}(p)$. 要使用 D-最优方法, 首先需要给出参数 μ 的取值范围 $[\mu_{\min}, \mu_{\max}]$ 和参数 σ 的猜测值 σ_{guess}. 其中, σ_{guess} 最好大于 σ, 即对 σ 的猜测尽可能大一些. 然后, 试验分为三部分进行.

I. 确定试验范围

这一部分试验的目的是快速确定试验水平的范围, μ 约为该范围的中心, 并且较快观测到满足一定条件的响应和不响应两种结果.

(1) 第一次试验水平取为 $x_1 = (\mu_{\min} + \mu_{\max})/2$.

(2) 若在 x_1 处的试验结果为响应, 即 $y_1 = 1$, 则第二次试验水平取为 $x_2 = \min\{(\mu_{\min}+x_1)/2, x_1-2\sigma_{\text{guess}}\}$; 若 $y_1=0$, 则第二次试验水平为 $x_2=\max\{(\mu_{\max}+x_1)/2, x_1+2\sigma_{\text{guess}}\}$.

(3) 若前 i ($i \geqslant 2$) 次试验的结果都是响应, 则第 $i+1$ 次试验的水平 x_{i+1} 取为

$$x_{i+1} = \min\left\{(\mu_{\min} + \text{MinS})/2, \text{MinS} - 2\sigma_{\text{guess}}, 2\text{MinS} - \text{MaxS}\right\},$$

其中 $\text{MinS} = \min\{x_1, \cdots, x_i\}$, $\text{MaxS} = \max\{x_1, \cdots, x_i\}$. 类似, 若前 i ($i \geqslant 2$) 次试验的结果都是不响应, 则第 $i+1$ 次试验水平 x_{i+1} 取为

$$x_{i+1} = \max\left\{(\mu_{\max} + \text{MaxS})/2, \text{MaxS} + 2\sigma_{\text{guess}}, 2\text{MaxS} - \text{MinS}\right\}.$$

该步骤选择试验水平的思想是: 若连续观测到试验结果 $y_1 = 1, \cdots, y_i = 1$ $(i \geqslant 2)$, 则一定有 $x_i < x_{i-1} < \cdots < x_1$, 此时下一步试验水平 x_{i+1} 应比 x_i 更低, 并且相比于 x_1 低的幅度至少是已有试验范围的 2 倍, 即 $x_1 - x_{i+1} \geqslant 2(x_1 - x_i)$. 连续不响应情形下的想法与此类似.

(4) 若在前 i $(i \geqslant 2)$ 次试验中, 有两种试验结果 (响应和不响应) 同时出现, 则计算具有响应结果的最小水平 (记为 MinX), 以及具有不响应结果的最大水平 (记为 Max0). 计算二者的差别 Diff = MinX − Max0. 若 Diff $\geqslant \sigma_{\text{guess}}$, 继续第 I 部分的试验, 取下一次试验水平为 $x_{i+1} = (\text{Max0} + \text{MinX})/2$.

(5) 重复第 (4) 步, 直到 Diff $< \sigma_{\text{guess}}$, 停止第 I 部分的试验.

如果在第 I 部分试验中, 观测结果已经满足交错区间, 那么跳过第 II 部分试验, 继续第 III 部分试验. 否则进行第 II 部分的试验.

II. 寻找交错区间

这部分试验的目的是设计试验水平, 快速获得满足交错区间的数据, 使得参数 (μ, σ) 的极大似然估计存在唯一. 该部分试验的步骤如下.

(1) 利用已有数据 $\{(x_1, y_1), \cdots, (x_k, y_k)\}$ 计算 MinX 和 Max0, 令 μ 的估计为 $\hat{\mu}_k = (\text{MinX} + \text{Max0})/2$, σ 的估计为 $\hat{\sigma}_k = \sigma_{k,\text{guess}}$. 这里, $\sigma_{k,\text{guess}}$ 是在该步对 σ 的猜测. 若该步是第 I 部分试验后第 II 部分试验的第一次试验, $\sigma_{k,\text{guess}} = \sigma_{\text{guess}}$. 否则, 如下更新 $\sigma_{k,\text{guess}}$.

(2) 选择新试验水平 x_{k+1}, 使得在水平 $x_1, \cdots, x_k, x_{k+1}$ 处进行试验, Fisher 信息矩阵 $I(\mu, \sigma)$ 的行列式在 $(\hat{\mu}_k, \hat{\sigma}_k)$ 处达到最大,

$$I(\mu, \sigma) = E \begin{pmatrix} \left[\dfrac{\partial \ln L(\mu,\sigma)}{\partial \mu}\right]^2 & \dfrac{\partial \ln L(\mu,\sigma)}{\partial \mu}\dfrac{\partial \ln L(\mu,\sigma)}{\partial \sigma} \\ \dfrac{\partial \ln L(\mu,\sigma)}{\partial \mu}\dfrac{\partial \ln L(\mu,\sigma)}{\partial \sigma} & \left[\dfrac{\partial \ln L(\mu,\sigma)}{\partial \sigma}\right]^2 \end{pmatrix}, \quad (2.1)$$

其中

$$L(\mu, \sigma) \propto \prod_{i=1}^{k+1} p_i^{y_i}(1 - p_i)^{1-y_i}, \quad p_i = F(x_i) = G((x_i - \mu)/\sigma). \quad (2.2)$$

上述 Fisher 信息矩阵 $I(\mu, \sigma)$ 是关于 y_{k+1} 求数学期望. 在该点处进行试验, 获得试验结果 y_{k+1}. 更新对 σ 的猜测, 即 $\sigma_{k+1,\text{guess}} = 0.8 \times \sigma_{k,\text{guess}}$.

(3) 重复 (1) 至 (2) 步骤, 直到出现交错区间, 停止第 II 部分的试验.

Neyer 指出, 在第 II 部分试验中逐步降低 σ 有利于迅速获得具有交错区间的试验数据, 也防止过多地在远离 μ 的水平处进行试验.

III. 改善参数估计

这一部分试验的目的是逐步改善参数 (μ, σ) 的估计, 使其更加有效. 该部分的试验步骤如下.

(1) 基于已有数据 $\{(x_1, y_1), \cdots, (x_m, y_m)\}$, 构造形如(2.2)的似然函数, 计算 (μ, σ) 的极大似然估计 $(\hat{\mu}_m, \hat{\sigma}_m)$. 为了防止出现大的偏差, 对极大似然估计做如下限制性的调整:

$$\hat{\mu}_{m,\text{actual}} = \max\{a_m, \min(\hat{\mu}_m, b_m)\}, \quad \hat{\sigma}_{m,\text{actual}} = \min\{\hat{\sigma}_m, b_m - a_m\},$$

其中 $a_m = \min\{x_1, \cdots, x_m\}, b_m = \max\{x_1, \cdots, x_m\}$. 即 $\hat{\mu}_n$ 应在前 m 次试验水平的范围内, $\hat{\sigma}_n$ 应小于前 m 次试验最大试验水平和最小试验水平的差.

(2) 选择新的试验水平 x_{m+1}, 使得在水平 $x_1, \cdots, x_m, x_{m+1}$ 处进行试验, Fisher 信息矩阵 $I(\mu, \sigma)$ 的行列式在 $(\hat{\mu}_{m,\text{actual}}, \hat{\sigma}_{m,\text{actual}})$ 处达到最大. 在该点处进行试验, 获得试验结果 y_{m+1}.

(3) 重复 (1) 至 (2) 步骤, 直到完成预定样本量 n 的试验.

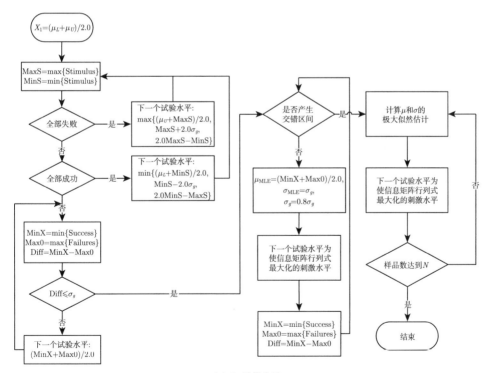

(a) D-最优方法

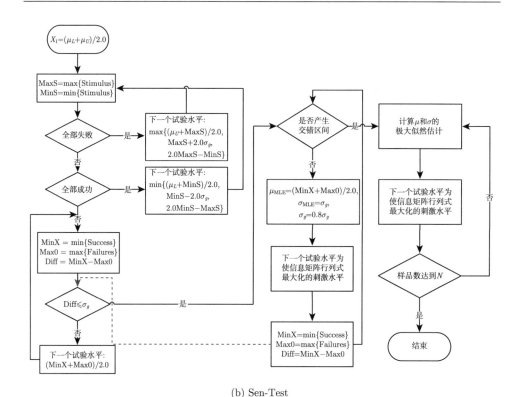

(b) Sen-Test

图 2.1   D-最优设计与 Sen-Test 软件的流程图. 其中, MaxS 代表最大刺激水平, MinS 代表最
小刺激水平, MinX 代表最小响应水平, Max0 代表最大不响应水平

为了使用方便, B. T. Neyer 发布了 D-最优方法的商用软件 Sen-Test, 在该软件中对 D-最优方法进行了修正. 在原始 D-最优设计中, 按照顺序分别进行三步试验. 但是在商用软件 Sen-Test 中, 第 II 步试验一旦出现 Diff $= $ MinX $-$ Max0 $>$ $\sigma_{k,\text{guess}}$, 则直接返回第 I 步试验. 这样的修正有益于获得具有交错区间的数据. D-最优设计和 Sen-Test 流程图分别见图2.1(a) 和图2.1(b), 二者的区别由红色虚线标出.

应用蒙特卡罗模拟, 表 2.1 进一步展示了二者的差别, 其中 $\sigma_{\text{guess}} = 4$, $\mu_{\text{max}} = 27$, $\mu_{\text{min}} = -5$, $F(x) = \Phi(x - 10)$. 在表 2.1 中, D-最优设计很快陷入一个小区域中且得不到具有交错区间的数据, 见第 11 至 14 次试验; 而 Sen-Test 通过重新回到第 I 部分试验跳出了这样的陷阱, 见第 5 次、9 次和 13 次试验, 在第 14 次试验获得了具有交错区间的数据, 即 MinX $= 9.7551$, Max0 $= 10.5$.

无论是 D-最优设计还是 Sen-Test 设计, 在完成预定样本量 n 的试验并获得试验数据 $(x_1, y_1), \cdots, (x_n, y_n)$ 后, 基于似然函数 (2.2) 求解参数 (μ, σ) 的极大似然估计 $(\hat{\mu}_n, \hat{\sigma}_n)$ 以及 p 分位数 $\xi_p = \mu + \sigma G^{-1}(p)$ 的极大似然估计 $\hat{\xi}_p = \hat{\mu}_n + \hat{\sigma}_n G^{-1}(p)$.

表 2.1 Sen-Test 与 D-最优设计的模拟对比

Sen-Test				D-最优设计			
试验次数	x	y	试验阶段	试验次数	x	y	试验阶段
1	11	1	I	1	11	1	I
2	3	0	I	2	3	0	I
3	7	0	I	2	7	0	I
4	14.2559	1	II	4	14.2559	1	II
5	9	0	I	5	5.1061	0	II
6	14.2233	1	II	6	11.8050	1	II
7	6.8677	0	II	7	6.9536	0	II
8	12.3257	1	II	8	10.4930	1	II
9	10	0	I	9	7.9120	0	II
10	12.4757	1	II	10	8.6372	0	II
11	8.9599	0	II	11	8.8848	0	II
12	11.6833	1	II	12	8.8848	0	II
13	10.5	0	I	13	8.8848	0	II
14	9.7551	1	II	14	8.8848	0	II
出现交错区间				陷入局部区域			

算法 2.1 和算法 2.2 给出了 Sen-Test 方法的试验步骤. 表 2.2 给出 Sen-Test 设计的一个蒙特卡罗模拟例子, 其中 $\sigma_{\text{guess}} = 4.0$, $\mu_{\max} = 27$, $\mu_{\min} = -5$, $F(x) = \Phi(x - 10)$, 图 2.2 给出对应的试验水平变化情况. 从图 2.2 可以看出, Sen-Test (D-最优设计) 将试验水平分散在响应分布的 0.128 和 0.872 分位数附近. Morgan[8] 严格证明了这一现象.

算法 2.1 Sen-Test 确定下一步试验水平的算法

1: **输入:** 试验刺激水平序列 $\{x_1, x_2, \cdots, x_j\}$, 试验结果序列 $\{y_1, y_2, \cdots, y_j\}$
2: **输出:** 下一个试验水平 x_{j+1}
3: 令 $j = \#\{x_1, x_2, \cdots, x_j\}$
4: **if** $j == 0$ **then**
5:     **return** $x_{j+1} = (\mu_L + \mu_U)/2$
6: **end if**
7: 计算 $\text{MaxS} = \max\{x_i\}_{i=1}^j$
8: 计算 $\text{MinS} = \min\{x_i\}_{i=1}^j$
9: **if** $\#\{y_i = 1\}_{i=1}^{j-1} == j$ **then**
10:     **return** $x_{j+1} = \min\{(\mu_{\min} + \text{MinS})/2, \text{MinS} - 2\sigma_{\text{guess}}, 2\text{MinS} - \text{MaxS}\}$
11: **end if**
12: **if** $\#\{y_i = 1\}_{i=1}^{j-1} == 0$ **then**
13:     **return** $x_{j+1} = \max\{(\mu_{\max} + \text{MaxS})/2, \text{MaxS} + 2\sigma_{\text{guess}}, 2\text{MaxS} - \text{MinS}\}$
14: **end if**
15: 计算 $\text{MinX} = \min\{x_i : y_i = 1\}_{i=1}^j$
16: 计算 $\text{Max0} = \max\{x_i : y_i = 0\}_{i=1}^j$

17: 计算 Diff = MinX − Max0

18: **if** Diff $\geqslant \sigma_g$ **then**

19: 　　**return** $x_{j+1} = (\text{MinX} + \text{Max0})/2$

20: **end if**

21: **if** Diff < 0 **then**

22: 　　计算参数的 MLE $\hat{\mu}$ 和 $\hat{\sigma}$

23: 　　选择新的试验水平 x_{j+1}, 使得在水平 $\{x_1, \cdots, x_j, x_{j+1}\}$ 处进行试验, Fisher 信息矩阵 $I(\mu, \sigma)$ 的行列式在 $(\hat{\mu}, \hat{\sigma})$ 处达到最大

24: **else**

25: 　　令 $\hat{\mu} = (\text{MinX} + \text{Max0})/2$, $\hat{\sigma} = \sigma_g$, $\sigma_g = 0.8\sigma_g$

26: 　　选择新的试验水平 x_{j+1}, 使得在水平 $\{x_1, \cdots, x_j, x_{j+1}\}$ 处进行试验, Fisher 信息矩阵 $I(\mu, \sigma)$ 的行列式在 $(\hat{\mu}, \hat{\sigma})$ 处达到最大

27: **end if**

算法 2.2　　Sen-Test 试验步骤

1: **输入:** 试验上限 μ_U 和试验下限 μ_L, 刻度参数 σ 的猜测值 σ_g, 试验样本量 n

2: **输出:** 样本量为 n 的 Sen-Test 试验设计

3: 令试验水平序列为 $\varnothing$, 对应的试验结果序列为 $\varnothing$

4: 令 $j = 1$

5: **while** $j \leqslant n$ **do**

6: 　　按照算法 2.1 确定下一个试验水平并记为 x_j

7: 　　在 x_j 处进行试验, 记录相应的试验结果 y_j

8: 　　$j = j + 1$

9: **end while**

表 2.2　　**Sen-Test 的蒙特卡罗模拟示例**

试验次数	x	y	试验阶段	试验次数	x	y	试验阶段
1	11	1	I	16	9.3733	1	III
2	3	0	I	17	8.5782	0	III
3	7	0	I	18	11.2157	1	III
4	14.2559	1	II	19	8.7869	0	III
5	9	0	I	20	11.0261	1	III
6	14.2233	1	II	21	8.9462	0	III
7	6.8677	0	II	22	10.8824	1	III
8	12.3257	1	II	23	9.0709	0	III
9	10	0	I	24	10.7721	1	III
10	12.4757	1	II	25	10.6933	1	III
11	8.9599	0	II	26	9.1728	1	III
12	11.6833	1	II	27	8.7663	0	III
13	10.5	0	I	28	10.6758	1	III
14	9.7551	1	II	29	8.7558	0	III
15	11.2943	1	III	30	11.0351	1	III

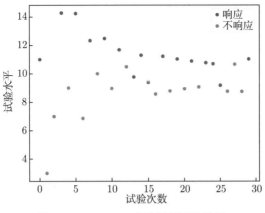

图 2.2 Sen-Test 方法模拟试验数据

例 2.1 某工厂生产某型号电火工品, 工程师和使用人员非常关心 99.9% 发火刺激量, 即响应分布的 0.999 分位数 $\xi_{0.999}$. 在生产过程中, 工程师进行了大量的敏感性试验, 积累了丰富的敏感性试验数据, 通过分析发现其发火响应分布为正态分布, 其中发火均值为 10.25V, 标准差为 0.35V. 为了验证敏感性试验设计方法的有效性, 工程师分别利用升降法、兰格利法和 D-最优 (Sen-Test) 方法针对该型号的电火工品进行了敏感性试验. 进行敏感性试验时, 工程师采用的初始猜测为 $\mu_g = 12$ 和 $\sigma_g = 1.0$, 兰格利方法和 D-最优方法的试验区域上下限分别为 $U(\mu_U) = 16$ 和 $L(\mu_L) = 8$. 下面的图 2.3~图 2.5 给出了相应的试验数据. 表 2.3 给

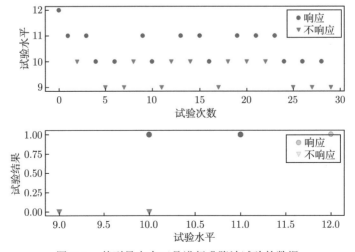

图 2.3 某型号电火工品进行升降法试验的数据

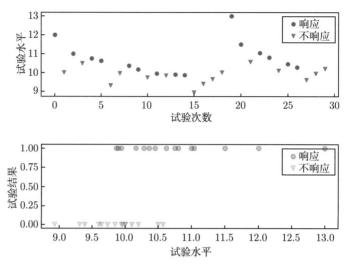

图 2.4   某型号电火工品进行兰格利法试验的数据

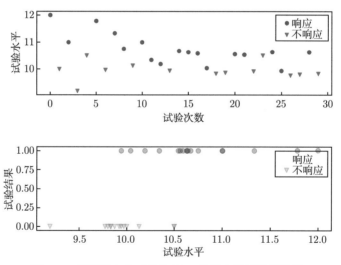

图 2.5   某型号电火工品进行 D-最优方法试验的数据

出位置参数和刻度参数的估计值以及相应的 0.999 分位数 $\xi_{0.999}$ 的估计值. 图 2.6 给出了基于不同敏感性试验方法获得的响应分布曲线估计. 从表 2.3, 不难发现, D-最优方法估计刻度参数的效果最好. 由于分位数估计为 $\hat{\xi}_p = \hat{\mu} + \Phi^{-1}(p)\hat{\sigma}$, 因此对于远离 0.5 的 p, D-最优方法的估计效果要优于升降法和兰格利法. 从图 2.6 也可以看出, 基于 D-最优方法试验数据获得的响应分布曲线估计与基于大样本数据获得的响应分布曲线估计更接近. 从这个例子, 我们可以看到 D-最优方法的有效性.

表 2.3 某型号电火工品敏感性试验参数估计结果

方法	$\hat{\mu}$	$\hat{\sigma}$	$\hat{\xi}_{0.999}$
升降法	10	0.1426	10.4408
兰格利法	10.2732	0.7232	12.5079
D-最优方法	10.2271	0.3061	11.1732
累积大样本数据	10.25	0.35	11.330

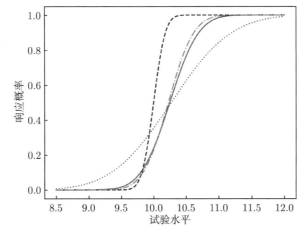

图 2.6 基于不同敏感性试验方法获得的响应分布曲线估计, 其中红色的实线是基于累积大样本数据获得的响应分布估计, 黑色虚线是基于升降法数据获得的响应分布估计, 蓝色的点线是基于兰格利法数据获得的响应分布估计, 绿色的点划线是基于 D-最优方法数据获得的响应分布估计

2.1.2 贝叶斯 D-最优方法

2008 年, H. A. Dror 和 D. M. Steinberg[9] 基于贝叶斯框架提出贝叶斯 D-最优方法. 令试验水平 x 处的试验结果为 $Y(x)$. 假设 $Y(x)$ 的分布为指数族, 并且满足 $E(Y(x)) = \mu(x)$, $h[\mu(x)] = \boldsymbol{f}^{\mathrm{T}}(x)\boldsymbol{\beta}$, 其中 $\boldsymbol{f}^{\mathrm{T}}(x) = (f_1(x), \cdots, f_l(x))$ 代表 l 维列向量函数的转置, $\boldsymbol{\beta} = (\beta_1, \cdots, \beta_l)^{\mathrm{T}}$ 为 l 维参数列向量. 在该模型假设下, 对于试验水平为 $x_1, \cdots, x_s$ 的设计 $d = \{x_1, \cdots, x_s\}$, 其 Fisher 信息矩阵为

$$\boldsymbol{I}(\boldsymbol{\beta}, d) = \sum_{i=1}^{s} \boldsymbol{f}(x_i)\boldsymbol{f}^{\mathrm{T}}(x_i)w_i = \boldsymbol{F}^{\mathrm{T}}\boldsymbol{W}\boldsymbol{F}, \tag{2.3}$$

其中 $w_i = 1/\{\mathrm{Var}[Y(x_i)][h'(\mu_i)]^2\}$ 是第 i 次观测对应的权重, $\mu_i = \mu(x_i)$, $\boldsymbol{F}$ 为 $s \times l$ 的矩阵, 其第 i 行为 $\boldsymbol{f}^{\mathrm{T}}(x_i)$, $\boldsymbol{W}$ 为 $s \times s$ 的对角矩阵, 其第 i 个对角元素为

w_i. 按照指数分布族的性质, 我们知道 $\text{Var}(Y(x_i))$ 为 μ_i 的函数. 贝叶斯 D-最优准则被定义为

$$\phi(d) = \int \log\left\{|\boldsymbol{I}(\boldsymbol{\beta}, d)|\right\} \pi(\boldsymbol{\beta}) d\boldsymbol{\beta}, \tag{2.4}$$

其中 $\pi(\boldsymbol{\beta})$ 为参数 $\boldsymbol{\beta}$ 的先验密度. 贝叶斯 D-最优方法是通过最大化 (2.4) 来进行试验水平的选择. 然而, 在公式 (2.4) 中, Fisher 信息矩阵 $\boldsymbol{I}(\boldsymbol{\beta}, d)$ 的行列式的计算比较复杂. 因此, 公式 (2.4) 中的积分一般没有解析表达式. H. A. Dror 和 D. M. Steinberg 在文献 [9] 中给出了近似计算 (2.4) 的离散化方法, 即

$$\phi_1(d) = \sum_{u=1}^{N} r_u \log |\boldsymbol{I}(\boldsymbol{\beta}_u, d)|, \tag{2.5}$$

其中 $\{\boldsymbol{\beta}_u\}_{u=1}^{N}$ 是从参数的先验分布 $\pi(\boldsymbol{\beta})$ 中随机抽取的 N 个样本, N 是一个比较大的数 (如 10000), $r_u = L(\boldsymbol{\beta}_u) / \sum_{v=1}^{N} L(\boldsymbol{\beta}_v)$, $L(\boldsymbol{\beta}_v)$ 是基于观测数据的似然函数在 $\boldsymbol{\beta}_v$ 处的取值, $v = 1, 2, \cdots, N$, 见式 (2.9). 基于已有设计 $d(x_1, \cdots, x_k)$ 及对应的试验结果, 贝叶斯 D-最优方法按如下策略选择后续试验水平.

(1) 确定候选集基准数 m. 首先, 应用 D-最优方法, 确定具有 i 个水平的设计 $d_i^{(0)}$, 使得 $\phi_2(d_i^{(0)}) = \log|\boldsymbol{I}(\boldsymbol{\beta}_0, d_i^{(0)})|$ 达到最大, 其中 $i = l, \cdots, L$, L 可取为 $4l$, $\boldsymbol{\beta}_0$ 是先验分布 $\pi(\boldsymbol{\beta})$ 的中位数. 令

$$\phi_3(d_i^{(0)}) = (1/l)\phi_2(d_i^{(0)}) - \log(i), \quad i = l, \cdots, L, \tag{2.6}$$

且用 d^* 表示在 $d_l^{(0)}, \cdots, d_L^{(0)}$ 中使得 $\phi_3(d)$ 达到最大的设计. 定义设计 $d_i^{(0)}$ 的有效性为

$$\text{Eff}(d_i^{(0)}) = \exp\left\{\phi_3(d_i^{(0)}) - \phi_3(d^*)\right\}. \tag{2.7}$$

选择 m 为使得 $\text{Eff}(d_i^{(0)})$ 大于等于 99% 的最小 i.

(2) 对于 $k \geqslant 0$, 根据试验数据 $\{(x_1, y_1), \cdots, (x_k, y_k)\}$ 求参数 $\boldsymbol{\beta}$ 的后验中位数 $\tilde{\boldsymbol{\beta}}_k$ (当 $k = 0$ 时, 尚无试验数据, 此时用先验分布 $\pi(\boldsymbol{\beta})$ 的中位数 $\boldsymbol{\beta}_0$ 代替 $\tilde{\boldsymbol{\beta}}_k$). 应用 D-最优方法, 寻找 m 个水平 $x_1^*, \cdots, x_m^*$, 满足

$$\phi_2(\tilde{\boldsymbol{\beta}}_k, d(x_1, \cdots, x_k, x_1^*, \cdots, x_m^*)) = \underset{(v_1, \cdots, v_m)}{\arg\max} \phi_2(d(\tilde{\boldsymbol{\beta}}_k, x_1, \cdots, x_k, v_1, \cdots, v_m)). \tag{2.8}$$

(3) 将 $x_1^*, \cdots, x_m^*$ 及其中位数设为试验水平候选集 S_k.

(4) 如果基于当前试验水平 $x_1, \cdots, x_k$ 的 Fisher 信息矩阵 $\boldsymbol{I}(\tilde{\boldsymbol{\beta}}_k, d(x_1, \cdots, x_k))$ 非奇异, 则从 S_k 中选择新的水平 x_{k+1}, 使得 $\phi_1(d(x_1, \cdots, x_k, x_{k+1}))$ 达到最大, 其中 $r_u = L(\boldsymbol{\beta}_u)/\sum_{v=1}^{N} L(\boldsymbol{\beta}_v)$, $L(\boldsymbol{\beta}_v)$ 是基于数据 $\{(x_1, y_1), \cdots, (x_k, y_k)\}$ 的似然函数在 $\boldsymbol{\beta}_v$ 处的取值, 即

$$L(\boldsymbol{\beta}_v) \propto \prod_{i=1}^{k} p_i^{y_i}(1 - p_i)^{1-y_i}, \tag{2.9}$$

其中 $p_i = \mu(x_i|\boldsymbol{\beta}_v), v = 1, 2, \cdots, N$. 在 x_{k+1} 处进行试验并记录对应的试验结果 y_{k+1}.

(5) 如果基于现有试验水平 $x_1, \cdots, x_k$ 的 Fisher 信息矩阵 $\boldsymbol{I}(\tilde{\boldsymbol{\beta}}_k, d(x_1, \cdots, x_k))$ 奇异, 则从候选集 S_k 中选择一水平 x_{k+1}, 使得 $\phi_1(d(x_1, \cdots, x_k, x_1^*, \cdots, x_m^*, x_{k+1}))$ 达到最大, 其中 $r_u = L(\boldsymbol{\beta}_u)/\sum_{v=1}^{N} L(\boldsymbol{\beta}_v)$, $L(\boldsymbol{\beta}_v)$ 是基于数据 $\{(x_1, y_1), \cdots, (x_k, y_k)\}$ 的似然函数 (2.9) 在 $\boldsymbol{\beta}_v$ 处的取值, $v = 1, 2, \cdots, N$. 在 x_{k+1} 处进行试验并记录对应的试验结果 y_{k+1}.

(6) 重复第 (2) 至第 (5) 步, 直至完成样本量为 n 的试验. 参数 $\boldsymbol{\beta}$ 的后验分布为

$$\pi(\boldsymbol{\beta}|(x_1, y_1), \cdots, (x_n, y_n)) = \frac{\pi(\boldsymbol{\beta}) \prod\limits_{i=1}^{n} p_i^{y_i}(1 - p_i)^{1-y_i}}{\int \pi(\boldsymbol{\beta}) \prod\limits_{i=1}^{n} p_i^{y_i}(1 - p_i)^{1-y_i} d\boldsymbol{\beta}}. \tag{2.10}$$

根据该后验分布可以计算试验水平 x 处的响应概率 $p(x) = P(Y(x) = 1) = \mu(x) = h^{-1}[\boldsymbol{f}^{\mathrm{T}}(x)\boldsymbol{\beta}]$ 以及响应分布 p 分位数 ξ_p 的点估计和置信区间, 其中 ξ_p 满足 $p = h^{-1}[\boldsymbol{f}^{\mathrm{T}}(x_p)\boldsymbol{\beta}]$ 或 $h(p) = \boldsymbol{f}^{\mathrm{T}}(\xi_p)\boldsymbol{\beta}$.

例 2.2 针对例 2.1 中的火工品, 以大样本数据获得的模型及参数作为潜在的真实模型和参数, 我们进行了贝叶斯 D-最优方法的仿真试验. 在仿真试验中, 假设参数的先验分布为

$$\mu \sim N(12, 0.5),$$

$$\sigma \sim \log N(0.7, 1),$$

其中 $\log N(\cdot, \cdot)$ 表示对数正态分布. 图 2.7 给出了贝叶斯 D-最优方法仿真的试验水平变化及结果.

基于升降法和贝叶斯 D-最优方法的数据 $(x_1, y_1), \cdots, (x_n, y_n)$, 计算 (μ, σ) 的后验分布

$$\pi(\mu,\sigma|(x_1,y_1),\cdots,(x_n,y_n)) = \frac{\pi(\mu,\sigma)\prod\limits_{i=1}^{n} p_i^{y_i}(1-p_i)^{1-y_i}}{\int \pi(\mu,\sigma)\prod\limits_{i=1}^{n} p_i^{y_i}(1-p_i)^{1-y_i}d\mu d\sigma},$$

$$p_i = \Phi((x_i-\mu)/\sigma).$$

根据该后验分布, 在试验水平 x 处产品的响应概率 $p = \Phi((x-\mu)/\sigma)$ 的 95% 置信区间 $[p_L(x), p_U(x)]$ 应满足

$$P(p(x) < p_L(x)) = \iint\limits_{\Phi((x-\mu)/\sigma)<p_L(x)} \pi(\mu,\sigma|(x_1,y_1),\cdots,(x_n,y_n))d\mu d\sigma = 0.025,$$

$$P(p(x) > p_U(x)) = \iint\limits_{\Phi((x-\mu)/\sigma)>p_U(x)} \pi(\mu,\sigma|(x_1,y_1),\cdots,(x_n,y_n))d\mu d\sigma = 0.025.$$

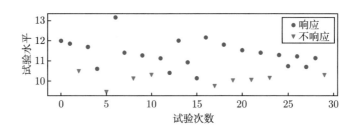

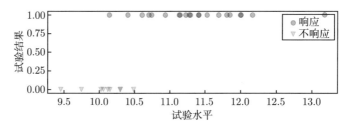

图 2.7　贝叶斯 D-最优方法仿真试验

图 2.8 给出了 x 对 $p_L(x)$ 和 $p_U(x)$ 的图, 其中基于升降法数据获得的分位数逐点区间估计为红色线, 基于贝叶斯 D-最优方法数据获得的分位数逐点区间估计为黑色线. 从图中不难发现, 贝叶斯 D-最优方法获得的置信区间更窄, 0.999 分位数 $\xi_{0.999}$ 的估计值为 11.9274, 比升降法和兰格利法更接近真实分位数.

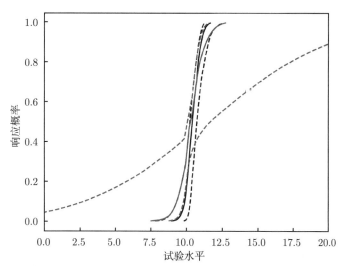

图 2.8 基于升降法数据和贝叶斯 D-最优方法数据的逐点 95% 置信区间, 其中红色线是升降法获得的置信区间, 黑色的线是贝叶斯 D-最优方法获得的置信区间, 实线是点估计, 虚线是对应的区间估计

文献 [10] 指出, 贝叶斯 D-最优方法严重依赖于参数 $\boldsymbol{\beta}$ 的先验分布. 对于不同的先验分布, 由贝叶斯 D-最优方法获得的结果差别较大. 在贝叶斯 D-最优方法中, 如何选取恰当的先验分布, 依然是一个有待解决的问题. 贝叶斯 D-最优方法结构比较复杂并且涉及一些近似计算, 如后验中位数 $\tilde{\boldsymbol{\beta}}_k$ 等, 算法的代码可以参考 http://www.math.tau.ac.il/~dms/GLM_Design.

2.2 Wu 方法

1985 年, 基于位置-刻度族响应分布 $F(x) = G((x - \mu)/\sigma)$, C. Jeff Wu 提出了估计响应分布 p 分位数 ξ_p 的似然迭代方法[1], 简称为 Wu 方法. 该方法实际上是一种随机逼近方法, 它逐步设置试验水平使其逼近目标分位数 ξ_p.

利用 Wu 方法进行敏感性试验时, 需要具有交错区间的历史试验数据 $\{(x_1^*, y_1^*), \cdots, (x_m^*, y_m^*)\}$ 作为初始试验数据. 在初始试验数据的基础上, Wu 方法按照如下步骤选择后续试验水平, 并对 ξ_p 进行估计.

(1) 在观测到数据 $\{(x_1, y_1), \cdots, (x_k, y_k)\}$ $(k \geqslant 0)$ 后, 基于数据 $\{(x_1^*, y_1^*), \cdots, (x_m^*, y_m^*)\}$ 和 $\{(x_1, y_1), \cdots, (x_k, y_k)\}$, 求出参数 (μ, σ) 的极大似然估计 $(\hat{\mu}_k, \hat{\sigma}_k)$.

(2) 令 $\hat{F}_k(x) = G((x - \hat{\mu}_k)/\hat{\sigma}_k)$ 作为响应分布 $F(x)$ 的估计, 如图 2.10 所示. 第 $k+1$ 次试验的水平预选为 $\hat{F}_k(x)$ 的 p 分位数, 即 $x_{k+1,\text{预选}}$ 满足 $G((x_{k+1,\text{预选}} - \hat{\mu}_k)/\hat{\sigma}_k) = p$. 为了控制 $x_{k+1,\text{预选}}$ 使其不致变化太大, 需要对其进行必要的调整. 令

d_k 是方程 $x_{k+1,预选} = x_k - (d_k/k)(y_k - p)$ 的解, 则第 $k+1$ 次试验的水平 x_{k+1}
取为

$$x_{k+1} = x_k - (d_k^*/k)(y_k - p),$$
$$d_k^* = \max[\delta, \min(d_k, d)], \tag{2.11}$$

其中 d, δ 为常数, 满足 $d > \delta \geqslant 0$. C. Jeff Wu 建议取 $\delta = 0, d = 50$.

(3) 重复上述两步直到完成预定样本量 n 的试验, 此时 ξ_p 的估计为 $\hat{\xi}_p = x_{n+1}$.

C. F. Jeff Wu 证明了在一定条件下, 无论真实响应分布模型是否为 $G((x - \mu)/\sigma)$, 按照 Wu 方法选择的试验水平序列 $\{x_n\}$ 依概率收敛于 x_p, 如下面的定理 2.1 所述. 定理的证明过程请参见文献 [1].

定理 2.1

如果基于试验数据 $\{(x_1^*, y_1^*), \cdots, (x_m^*, y_m^*)\}$ 和 $\{(x_1, y_1), \cdots, (x_k, y_k)\}$ 获得的参数极大似然估计 $(\hat{\mu}_k, \hat{\sigma}_k)$ 一致收敛于常数 (μ^*, σ^*), 并且 $\sigma^* > 0$, 则通过 Wu 方法获得的试验水平序列 $\{x_n\}$ 依概率收敛于 ξ_p.

算法 2.3 给出了 Wu 方法试验步骤的伪代码. 表 2.4 给出 Wu 方法的一个蒙特卡罗模拟例子, 其中 $F(x) = \Phi(x - 10)$, 初始试验数据通过 D-最优方法获得 (见表 2.1 中左侧 Sen-Test 的试验数据), 图 2.9 给出对应的试验水平变化情况. 从图 2.9 可以看出, Wu 方法是逐步设置试验水平使其收敛于分位数 ξ_p.

算法 2.3 Wu 方法试验步骤

1: **输入:** 具有交错区间的初始试验数据 $\{(x_1^*, y_1^*), \cdots, (x_m^*, y_m^*)\}$, 试验样本量 n, 目标概率 p
2: **输出:** Wu 方法试验设计
3: 令 $j = 0$
4: **while** $j \leqslant n$ **do**
5: 基于数据 $\{(x_1^*, y_1^*), \cdots, (x_m^*, y_m^*)\}$ 和 $\{(x_1, y_1), \cdots, (x_j, y_j)\}$, 计算参数 (μ, σ) 的 MLE$(\hat{\mu}_j, \hat{\sigma}_j)$
6: 令 $x_{j+1,预选}$ 为 $G((x_{j+1,预选} - \hat{\mu}_j)/\hat{\sigma}_j) = p$ 的解
7: 计算方程 $x_{j+1,预选} = x_j - (d_j/j)(y_j - p)$ 的解并记为 d_j
8: 令 $d_j^* = \max[\delta, \min(d_j, d)]$
9: 令 $x_{j+1} = x_j - (d_j^*/j)(y_j - p)$
10: 在 x_{j+1} 处进行试验, 记录相应的试验结果 y_{j+1}
11: $j = j + 1$
12: **end while**

表 2.4   Wu 方法的蒙特卡罗模拟示例

试验次数	x	y	试验次数	x	y
1	9.77093	1	16	11.2357	1
2	9.78575	0	17	11.2336	1
3	11.0164	1	18	11.2314	1
4	11.0176	1	19	11.2290	1
5	11.0177	1	20	11.2265	1
6	11.0170	1	21	11.2238	1
7	11.0157	1	22	11.2211	1
8	11.0139	0	23	11.2183	1
9	11.2434	1	24	11.2154	1
10	11.2434	1	25	11.2124	1
11	11.2429	1	26	11.2094	1
12	11.2420	1	27	11.2063	1
13	11.2408	1	28	11.2031	1
14	11.2393	1	29	11.1999	1
15	11.2376	1	30	11.1966	1

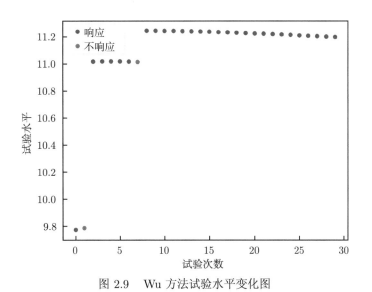

图 2.9   Wu 方法试验水平变化图

图 2.10 给出了基于 30 个试验数据获得的响应分布估计与真实响应分布的对比情况.

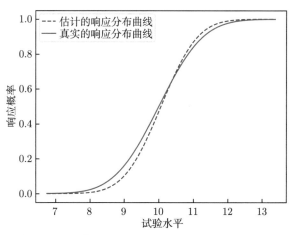

图 2.10   用 $\hat{F}_{30}(x) = G((x - \hat{\mu}_{30})/\hat{\sigma}_{30})$ 估计 $F(x)$

2.3   优化随机逼近方法

2.3.1   非抑制优化随机逼近方法

2004 年, V. R. Joseph 针对位置-刻度族响应分布, 即 $F(x) = G((x - \mu)/\sigma)$, 并且函数 $G(\cdot)$ 在 $G^{-1}(p)$ 处的一阶导数 $\dot{G}(G^{-1}(p)) > 0$ 已知的情况, 提出逐步逼近 ξ_p 的优化随机逼近方法[11]. 令 $M(x) = G(x/\sigma + G^{-1}(p))$, 则有

$$F(x) = G((x - \mu)/\sigma) = G((x - x_p + x_p - \mu)/\sigma)$$
$$= G((x - x_p)/\sigma + (x_p - \mu)/\sigma)$$
$$= G((x - x_p)/\sigma + (\mu + G^{-1}(p)\sigma - \mu)/\sigma)$$
$$= G((x - x_p)/\sigma + G^{-1}(p)) = M(x - x_p). \tag{2.12}$$

从上式, 我们不难发现 $M(0) = G(G^{-1}(p)) = p$, 以及 $\dot{M}(0) = \dot{G}(G^{-1}(p))/6$.

使用优化随机逼近方法进行敏感性试验时, 首先需要利用先验信息猜测 ξ_p 的取值 $\xi_{p,\text{guess}}$ 和 σ 的值 σ_{guess}, 并给出用 $\xi_{p,\text{guess}}$ 估计 ξ_p 的不确定性 τ_1. 令第 1 次试验的水平 $x_1 = \xi_{p,\text{guess}}$, 观测试验结果为 y_1. 根据如下迭代形式来选择后续试验水平

$$x_{k+1} = x_k - a_k(y_k - b_k), \quad k \geqslant 1, \tag{2.13}$$

其中 x_k 是第 k 次试验的水平, y_k 为相应的试验结果, $\{a_k\}$ 和 $\{b_k\}$ 是待定的优化常数序列. 令 $Z_k = x_k - \xi_p$, 则 Z_k 具有如下简单性质:

(1) 给定 Z_k 的条件下, y_k 服从参数为 $G((x_k - \mu)/\sigma) = M(Z_k)$ 的二项分布;

(2) $Z_{k+1} = Z_k - a_k(y_k - b_k)$, $k \geqslant 1$;

(3) $E(Z_1) = 0, D(Z_1) = \tau_1^2$.

优化随机逼近方法选择常数序列 $\{a_k\}$ 和 $\{b_k\}$ 的准则为: 对于 $k > 1$, 选择合适的 a_k 和 b_k, 使其在满足 $E(Z_{k+1}) = 0$ 的条件下最小化 $D(Z_{k+1}) = E(Z_{k+1}^2)$. 换句话说, 优化随机逼近方法要求每一次试验的水平都围绕在 ξ_p 附近选取, 并且与 ξ_p 的差具有最小的不确定性.

定理 2.2

给定响应分布 $F(x) = G((x-\mu)/\sigma) = M(x-x_p)$, 且 $M(x) = G(x/\sigma + G^{-1}(p))$, 则满足优化设计准则的常数序列 $\{a_k\}$ 和 $\{b_k\}$ 分别具有如下形式:

$$a_k = \frac{E\{Z_k M(Z_k)\}}{E\{M(Z_k)\}[1 - E\{M(Z_k)\}]}, \quad b_k = E\{M(Z_k)\}, \quad k \geqslant 1. \quad (2.14)$$

由于函数 $M(\cdot)$ 未知并且 Z_k 的真实分布较复杂, 要精确计算 (2.14) 比较困难. V. R. Joseph 提出如下近似计算方法.

(i) 用正态分布函数 $\Phi\{(x - \mu)/\sigma\}$ 近似响应分布 $G((x - \mu)/\sigma)$, 由此有

$$M(x) = G(x/\sigma + G^{-1}(p)) \approx \Phi\left\{x\beta + \Phi^{-1}(p)\right\},$$

其中, $\beta = \dfrac{\dot{M}(0)}{\phi\{\Phi^{-1}(p)\}}$, $\phi(\cdot)$ 为标准正态密度函数. 若响应分布恰好为正态分布, 上述近似为等式.

(ii) 用具有相同的前二阶矩的正态分布近似 Z_k 的真实分布. 令 $\tau_k^2 = D(Z_k)$, 用 $N(0, \tau_k^2)$ 近似 Z_k 的真实分布, 则 a_k 和 b_k 具有如下的迭代形式:

$$a_k = \frac{c_k}{\beta b_k(1 - b_k)}, \quad c_k = \frac{v_k}{(1 + v_k)^{1/2}}\phi\left\{\frac{\Phi^{-1}(p)}{(1 + v_k)^{1/2}}\right\}, \quad b_k = \Phi\left\{\frac{\Phi^{-1}(p)}{(1 + v_k)^{1/2}}\right\},$$

$$v_{k+1} = v_k - \frac{c_k^2}{b_k(1 - b_k)}, \quad v_1 = \beta^2\tau_1^2, \quad \tau_{k+1}^2 = \tau_k^2 - b_k(1 - b_k)a_k^2. \quad (2.15)$$

根据上述近似 (2.15), 优化随机逼近方法的迭代公式 (2.13) 可以进一步表示为

$$x_{k+1} = x_k - \frac{c_k}{\beta b_k(1 - b_k)}(y_k - b_k), \quad k \geqslant 1. \quad (2.16)$$

根据 (2.16) 序贯选择试验水平, 在进行 n 次试验后, ξ_p 的点估计为 x_{n+1}. 由于 $Z_k = x_k - \xi_p$ 近似服从正态分布 $N(0, \tau_k^2)$, 则 ξ_p 的置信水平为 $1 - \alpha$ 的近似置信

区间为

$$\left[x_{n+1} - \Phi^{-1}\left\{\alpha/2\right\}\tau_{n+1}, x_{n+1} + \Phi^{-1}\left\{\alpha/2\right\}\tau_{n+1}\right]. \tag{2.17}$$

文献 [11] 给出了下面的定理 2.3, 说明按照上述优化随机逼近方法获得的试验序列依概率收敛于目标分位数 ξ_p, 具体的证明过程参见文献 [11].

定理 2.3

给定响应分布 $F(x) = G((x-\mu)/\sigma) = M(x-x_p)$, 且 $M(x) = G(x/\sigma + G^{-1}(p))$. 对于优化随机逼近 (2.16), 有

(1) 当 $n \to \infty$ 时, $v_n \to 0$, $b_n \to p$, $c_n \to 0$;

(2) 当 $n \to \infty$ 时, Z_n 依概率收敛于 0.

算法 2.4 给出了优化随机逼近方法的伪代码. 利用这个算法, 进行了下面两个示例的模拟研究.

算法 2.4　优化随机逼近方法的试验步骤

1: **输入:** 目标分位数 x_p 的猜测值 $x_{p,\text{guess}}$ 以及不确定性 τ_1, 刻度参数 σ 的猜测值 σ_g, 样本量 n

2: **输出:** 优化随机逼近方法试验设计

3: 令 $k = 0$

4: 令 $\beta = \dfrac{1}{\sigma_g}$, $v_1 = \beta^2\tau_1^2$

5: **while** $k \leqslant n$ **do**

6: 　**if** $k == 0$ **then**

7: 　　$x_{k+1} = x_{p,\text{guess}}$

8: 　**else**

9: 　　计算 $c_k = \dfrac{v_k}{(1+v_k)^{1/2}}\phi\left\{\dfrac{\Phi^{-1}(p)}{(1+v_k)^{1/2}}\right\}$

10: 　　计算 $b_k = \Phi\left\{\dfrac{\Phi^{-1}(p)}{(1+v_k)^{1/2}}\right\}$

11: 　　计算 $a_k = \dfrac{c_k}{\beta b_k(1-b_k)}$

12: 　　计算 $v_{k+1} = v_k - \dfrac{c_k^2}{b_k(1-b_k)}$, $v_1 = \beta^2\tau_1^2$

13: 　　计算 $\tau_{k+1}^2 = \tau_k^2 - b_k(1-b_k)a_k^2$

14: 　　令 $x_{k+1} = x_k - \dfrac{c_k}{\beta b_k(1-b_k)}(y_k - b_k)$

15: 　**end if**

16: 　在 x_{k+1} 处进行试验, 记录相应的试验结果 y_{k+1}

17: 　$k = k + 1$

18: **end while**

例 2.3　假设响应分布为 $\Phi(x - 10)$, $x_1 = 12$, $\tau_1^2 = 2.3429$, $\beta = 1/\sigma_{\text{guess}}$,

$\sigma_{\text{guess}} = 1.5$. 表 2.5 给出优化随机逼近方法的一个蒙特卡罗模拟例子, 图 2.11 给出对应的试验水平变化情况.

表 2.5　优化随机逼近方法的蒙特卡罗模拟示例

试验次数	x	y	试验次数	x	y
1	12	1	16	11.1631	1
2	11.4623	1	17	11.1069	1
3	11.0897	1	18	11.0541	1
4	10.8117	1	19	11.0043	1
5	10.5931	0	20	10.9572	1
6	11.6014	1	21	10.9125	0
7	11.4508	1	22	11.2402	1
8	11.3211	1	23	11.1997	1
9	11.2075	1	24	11.1610	1
10	11.1065	1	25	11.1239	1
11	11.0156	1	26	11.0884	0
12	10.9332	1	27	11.3587	1
13	10.8577	1	28	11.3259	1
14	10.7882	1	29	11.2943	1
15	10.7237	0	30	11.2637	1

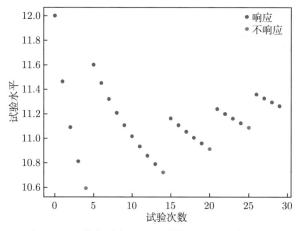

图 2.11　优化随机逼近方法的试验水平变化图

　　虽然定理 2.3 在理论上已经证明, Z_n 依概率收敛于 0, 即随着试验次数的增加, x_k 依概率收敛于 ξ_p, 但是在连续观测到相同的值时, 其收敛会变慢.

　　例 2.4　假设响应分布为 $\Phi(x-10)$, $p = 0.99$, $x_{0.99} = 12.3263$. 令 $x_1 = 19.3054$, $\tau_1 = 2.5$, $\beta = 1/\sigma_{\text{guess}}$, $\sigma_{\text{guess}} = 4.0$, $n = 60$. 应用蒙特卡罗方法, 获得都是 1 的观测结果, 且有 $x_2 = 19.228$, $x_3 = 19.1548, \cdots, x_{61} = 17.2733$. 估计值

17.2733 与真值 12.3263 偏差为 4.9470. 见图 2.12.

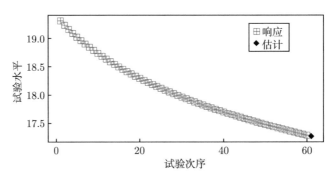

图 2.12　极端情况下, 优化随机逼近方法的试验水平变化图

2.3.2　抑制优化随机逼近方法

如例 2.4 所示, 在估计极端分位数 $(p \geqslant 0.99)$ 且初始试验水平 x_1 远大于真值时, 很容易出现连续响应试验结果致使优化随机逼近方法收敛速度变慢的问题. 为了克服这一问题, 王典朋、田玉斌、C. Jeff Wu 于 2015 年提出了带有抑制的优化随机逼近方法, 从设计机理上激励出现不相同的试验结果.

假设响应分布为 $F(x) = G((x - \mu)/\sigma)$, 根据先验信息知道 ξ_g 在 ξ_p 附近取值且不确定性为 τ_1, 即 $E(\xi_g) = \xi_p, D(\xi_g) = \tau_1^2$. 令 $Z_k = x_k - \xi_p$, 依然采用如下的迭代形式来选择后续试验水平

$$Z_{k+1} = Z_k - a_k(y_k - b_k), \quad k \geqslant 1.$$

V. R. Joseph 在文献 [11] 中使用平方损失函数来选择最优的常数序列 $\{a_k\}$ 和 $\{b_k\}$, 这里我们考虑如下的不对称损失函数

$$L(z) = w(z)z^2,$$

$$w(z) = \begin{cases} \lambda_1, & z \leqslant 0, \\ \lambda_2, & z > 0, \end{cases}$$

其中 $\lambda_1 > 0$ 以及 $\lambda_2 > 0$.

抑制优化随机逼近方法的设计准则为:

(1) 选择第一个试验水平 x_1, 使得基于 Z_1 的平均损失 $E\{L(Z_1)\}$ 最小;

(2) 选择 a_k 和 b_k, 使得 $E\{L(Z_{k+1})\}$ 最小, $k \geqslant 1$.

令 $v_k = E(Z_k)$ 以及 $\tau_k^2 = D(Z_k)$, 则由选择试验水平的迭代形式可知

$$v_{k+1} = E(Z_{k+1}) = v_k - a_k E\{M(Z_k)\} + a_k b_k \tag{2.18}$$

和

$$\tau_{k+1}^2 = E(Z_{k+1}^2) - E^2(Z_{k+1}) \tag{2.19}$$

$$= E(Z_k^2) - 2a_k E[Z_k\{M(Z_k) - b_k\}] + a_k^2[E\{M(Z_k)\} - 2b_k E\{M(Z_k)\} + b_k^2]$$

$$- [v_k - a_k E\{M(Z_k)\} + a_k b_k]^2$$

$$= \tau_k^2 + a_k^2[E\{M(Z_k)\} - E^2\{M(Z_k)\}] - 2a_k[E[Z_k M(Z_k) - v_k E\{M(Z_k)\}]].$$

与优化随机逼近方法类似, 我们用 $\Phi\{\Phi^{-1}(p) + \beta Z_k\}$ 近似 $M(Z_k)$, 用前二阶矩相同的正态分布近似 Z_k 的真实分布, 即

$$M(Z_k) \approx \Phi\{\Phi^{-1}(p) + \beta Z_k\},$$

$$Z_k \sim N(v_k, \tau_k^2),$$

其中 $\beta = \dfrac{\dot{M}(0)}{\phi\{\Phi^{-1}(p)\}}$. 在这些近似条件下, 我们有

$$E\{L(Z_{k+1})\} = (\lambda_1 - \lambda_2)\left\{(\tau_{k+1}^2 + v_{k+1}^2)\Phi\left(-\frac{v_{k+1}}{\tau_{k+1}}\right) - v_{k+1}\tau_{k+1}\phi\left(-\frac{v_{k+1}}{\tau_{k+1}}\right)\right\}$$

$$+ \lambda_2(\tau_{k+1}^2 + v_{k+1}^2). \tag{2.20}$$

在使用抑制优化随机逼近方法进行敏感性试验时, 先利用先验信息确定 ξ_g 和 τ_1, 然后通过最小化 $E\{L(Z_1)\}$ 获得 v_1, 并取第一个试验水平为 $x_1 = \xi_g + v_1$. 令 $\lambda = \lambda_1/\lambda_2$, 称其为偏度系数. (2.20) 可以看作 a_k 和 v_{k+1} 的函数, 其最小值点是以下方程的根,

$$\frac{\partial E\{L(Z_{k+1})\}}{\partial a_k} = \lambda_2 \tau'_{k+1}\left[2\lambda\Phi\left(-\frac{v_{k+1}}{\tau_{k+1}}\right)\tau_{k+1} + 2\tau_{k+1}\left\{1 - \Phi\left(-\frac{v_{k+1}}{\tau_{k+1}}\right)\right\}\right] = 0, \tag{2.21}$$

$$\frac{\partial E\{L(Z_{k+1})\}}{\partial v_{k+1}} = 2\lambda_2(\lambda-1)\left\{v_{k+1}\Phi\left(-\frac{v_{k+1}}{\tau_{k+1}}\right) - \tau_{k+1}\phi\left(-\frac{v_{k+1}}{\tau_{k+1}}\right)\right\} + 2\lambda_2 v_{k+1} = 0. \tag{2.22}$$

由方程 (2.21) 容易得到

$$a_k = \frac{E\{Z_k M(Z_k)\} - v_k E\{M(Z_k)\}}{E\{M(Z_k)\} - E^2\{M(Z_k)\}}. \tag{2.23}$$

将 (2.23) 代入方程 (2.22), 利用数值方法求解出 υ_{k+1} 并代入 (2.18), 可以获得

$$b_k = E\{M(Z_k)\} - (\upsilon_k - \upsilon_{k+1})/a_k. \tag{2.24}$$

则抑制优化随机逼近方法选择后续试验水平的迭代公式为

$$x_{k+1} = x_k - a_k(y_k - b_k), \quad k \geqslant 1, \tag{2.25}$$

其中, a_k 和 b_k 如式 (2.23) 和 (2.24) 所定义. 利用 Z_k 的近似分布和 $M(\cdot)$ 的正态分布近似, 可以计算出 $E\{M(Z_k)\}$ 和 $E\{Z_k M(Z_k)\}$ 的近似解析表达式为

$$E\{M(Z_k)\} \approx \Phi\left(\frac{\Phi^{-1}(p) + \beta\upsilon_k}{\sqrt{1+\beta^2\tau_k^2}}\right),$$

$$E\{Z_k M(Z_k)\} \approx \frac{\beta\tau_k^2}{\sqrt{1+\beta^2\tau_k^2}}\phi\left(\frac{\Phi^{-1}(p) + \beta\upsilon_k}{\sqrt{1+\beta^2\tau_k^2}}\right) + \upsilon_k\Phi\left(\frac{\Phi^{-1}(p) + \beta\upsilon_k}{\sqrt{1+\beta^2\tau_k^2}}\right). \tag{2.26}$$

与优化随机逼近方法一样, 在进行完 n 次试验后, ξ_p 的点估计为 x_{n+1}.

命题 2.1
　　如果 $\lambda = 1$, 则有 $\upsilon_k \equiv 0$; 如果 $\lambda < 1$, 则有 $\upsilon_k < 0$; 如果 $\lambda > 1$, 则有 $\upsilon_k > 0$.

　　注　根据抑制优化随机逼近方法的迭代公式 (2.25), 我们有 $|x_{k+1} - x_k| = a_k(y_k - b_k) \approx a_k(y_k - p)$. 当 p 接近于 1 时, 取偏度系数 $\lambda = \lambda_1/\lambda_2 < 1$, 这意味着给予 $x_k - x_p > 0$ 更大的惩罚, 抑制优化随机逼近方法促进后续试验水平下降, 增加了出现试验结果为 0 的概率. 同样, 当 p 接近于 0 时, 取偏度系数 $\lambda = \lambda_1/\lambda_2 > 1$, 给予 $x_k - x_p < 0$ 更大的惩罚, 抑制优化随机逼近方法促进后续试验水平上升, 增加出现试验结果为 1 的概率. 当取 $\lambda = 1$ 时, $\upsilon_k \equiv 0$, 抑制优化随机逼近方法就是非抑制优化随机逼近方法.

定理 2.4
　　对于 (2.23)~(2.26) 给出的抑制优化随机逼近方法, 当 $n \to \infty$ 时, Z_n 依概率收敛于 0.

　　算法 2.5 给出了抑制优化随机逼近方法试验步骤的伪代码.

算法 2.5 抑制优化随机逼近方法的试验步骤

1: **输入:** 目标分位数 x_p 的猜测值 $x_{p,\text{guess}}$ 以及不确定性 τ_1, 刻度参数 σ 的猜测值 σ_g, 样本量 n

2: **输出:** 抑制优化随机逼近方法试验设计

3: 令 $k = 0$

4: 令 $\beta = \dfrac{1}{\sigma_g}$, $v_1 = \beta^2 \tau_1^2$

5: **while** $k \leqslant n$ **do**

6:     **if** $k == 0$ **then**

7:         $x_{k+1} = \arg\min_x E\{L(Z_1)\}$

8:     **else**

9:         计算 $v_k = E(Z_k)$

10:         计算 $a_k = \dfrac{E\{Z_k M(Z_k)\} - v_k E\{M(Z_k)\}}{E\{M(Z_k)\} - E^2\{M(Z_k)\}}$

11:         将 a_k 代入方程 (2.22), 并最小化求解 v_{k+1}

12:         计算 $b_k = E\{M(Z_k)\} - (v_k - v_{k+1})/a_k$

13:         计算 $\tau_{k+1}^2 = \tau_k^2 + a_k^2[E\{M(Z_k)\} - E^2\{M(Z_k)\}] - 2a_k[E[Z_k M(Z_k) - v_k E\{M(Z_k)\}]]$

14:         令 $x_{k+1} = x_k - \dfrac{c_k}{\beta b_k(1 - b_k)}(y_k - b_k)$

15:     **end if**

16:     在 x_{k+1} 处进行试验, 记录相应的试验结果 y_{k+1}

17:     $k = k + 1$

18: **end while**

例 2.5 假设响应分布为 $\Phi(x - 10)$, $x_1 = 12$, $\tau_1 = 2.5$, $\beta = 1/\sigma_{\text{guess}}$, $\sigma_{\text{guess}} = 1.5$. 表 2.6 给出抑制优化随机逼近方法的一个蒙特卡罗模拟例子. 图 2.13 给出对应的试验水平变化情况.

表 2.6 抑制优化随机逼近方法的蒙特卡罗模拟示例

试验次数	x	y	试验次数	x	y
1	9.7463	0	16	11.5715	1
2	11.9114	1	17	11.5207	1
3	11.2358	0	18	11.4731	1
4	12.4403	1	19	11.4284	1
5	12.1632	1	20	11.3863	1
6	11.9572	1	21	11.3465	1
7	11.7947	1	22	11.3086	1
8	11.6609	1	23	11.2726	1
9	11.5475	1	24	11.2384	1
10	11.4491	0	25	11.2055	1
11	11.8969	1	26	11.1741	1
12	11.8193	1	27	11.1439	1
13	11.7491	1	28	11.1149	1
14	11.6850	1	29	11.0870	0
15	11.6261	1	30	11.2655	1

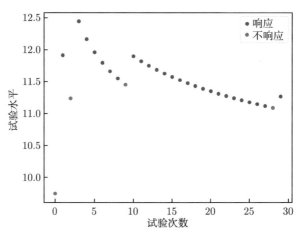

图 2.13　抑制优化随机逼近方法的试验水平变化图

例 2.6　假设响应分布为 $\Phi(x - 10)$, $p = 0.99$, $\xi_{0.99} = 12.3263$. 令 $\xi_g = 19.3054$, $\tau_1 = 2.5$, $\beta = 1/\sigma_{\text{guess}}$, $\sigma_{\text{guess}} = 4.0$, $n = 60$. 针对 $\lambda^{-1} = 1, 100$ 和 1000, 应用蒙特卡罗方法模拟 1000 次抑制优化随机逼近, 表 2.7 给出 x_{61} 的平均值, 用 x_{61} 估计 $\xi_{0.99}$ 的均方误差平方根 $\text{RMSE} = \sqrt{\sum_{i=1}^{1000}(x_{61}^{(i)} - \xi_{0.99})^2/1000}$, 以及 1000 次模拟中出现观测值 0 的比例, 其中 $x_{61}^{(i)}$ 是第 i 次模拟抑制优化随机逼近方法获得的 $\xi_{0.99}$ 的估计. 由此可知, 应用抑制优化随机逼近方法估计 $\xi_{0.99}$, 效果优于非抑制优化随机逼近方法.

表 2.7　x_{61} 的平均值和用 x_{61} 估计 $\xi_{0.99}$ 的均方误差平方根

λ^{-1}	估计平均值	估计 RMSE	$\{y_i = 0\}$ 出现的比例
1	17.2733	4.9470	0
100	15.3308	3.0047	0.3%
1000	14.6634	2.3658	37.4%

2.3.3　两种优化随机逼近方法的模拟比较

为了更广泛地比较两种优化随机逼近方法, 考虑两种期望和方差都一致的响应分布, 即正态分布和 Logistic 分布,

$$F(x) = \Phi(x),$$

$$F(x) = \{1 + \exp(-1.8138x)\}^{-1}.$$

与文献 [11] 一样, 设 $\xi_g = F^{-1}(p)$, $\tau_1 = 1$, $n = 20$. 在非抑制优化随机逼近方法中, V. R. Joseph 取 x_1 为正态分布 $N(\xi_g, \tau_1^2)$ 的任意随机数. 在抑制优化随机逼

逼近方法中, x_1 取为正态分布 $N(\xi_g+v_1,\tau_1^2)$ 的任意随机数, v_1 最小化 $E\{L(Z_1)\}$.

在模拟中, 当 p 在 0.001 和 0.25 之间变化时, 取 λ 为 10, 100, 50000. 而当 p 在 0.75 和 0.999 之间变化时, 取 λ^{-1} 为 10, 100, 50000. 针对每一个 p, 分别做 1000 次两种优化随机逼近方法的模拟, 令 $x_{21}^{(i)}$ 表示第 i 次模拟优化随机逼近方法获得的 ξ_p 的估计. 图 2.14 给出相应的 MSE$=\sum_{i=1}^{1000}(x_{21}^{(i)}-\xi_p)^2/1000$. 从图 2.14 中可以看出, 当 p 在 0.001 和 0.25 之间或者 p 在 0.75 和 0.999 之间变化时, 适当选取 λ, 如 $\lambda=10,100$ 或者 $\lambda^{-1}=10,100$, 抑制优化随机逼近方法所得 ξ_p 估计的 MSE 一致小于非抑制优化随机逼近方法相应的值, 即应用抑制优化随机逼近方法估计 ξ_p 效果更好. 针对极端分位数, 当 λ 或者 λ^{-1} 增加时, 应用抑制优化随机逼近方法估计 ξ_p 的效果比非抑制优化随机逼近方法好. 但是如何选择估计效果最好的 λ 依然是一个有待解决的问题.

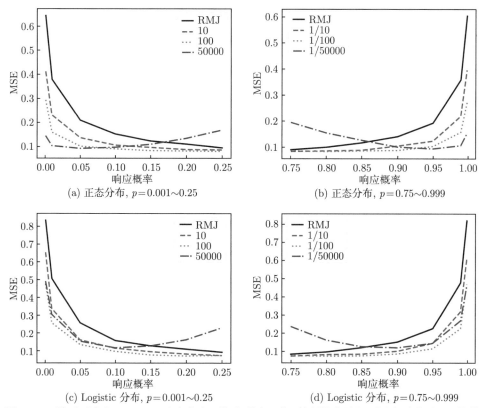

(a) 正态分布, $p=0.001\sim0.25$

(b) 正态分布, $p=0.75\sim0.999$

(c) Logistic 分布, $p=0.001\sim0.25$

(d) Logistic 分布, $p=0.75\sim0.999$

图 2.14 针对正态和 Logistic 响应分布, 基于不同 λ 值, 抑制优化随机逼近方法估计 x_p 的模拟比较

在生物测定研究中, 中位有效剂量 $\xi_{0.5}$ (通常也记为 ED50) 是非常重要的指标[12]. 应用非抑制优化随机逼近方法估计 ED50, 在观测数据中, $y = 1$ 和 $y = 0$ 的个数大致相等. 在有动物参与的生物测定试验中, 如果 $y = 1$ 代表试验个体死亡, 有时试验者希望观测值 $y = 1$ 尽可能少. 使用抑制优化随机逼近方法, 选取适当的偏度系数 $\lambda > 1$ 可以达到既精确估计 ED50 又适当减少 $y = 1$ 出现比例的目的. 表2.8 给出 $\lambda = 1$ 和 10 情形 1000 次模拟的结果.

表 2.8 $\xi_{0.5}$ 估计的 MSE 和观测值 $y = 1$ 出现的平均值

响应分布	MSE		$\{y_i = 1\}$ 出现的平均值	
	$\lambda = 1$	$\lambda = 10$	$\lambda = 1$	$\lambda = 10$
正态分布	0.0791	0.0817	10.008	7.093
Logistic 分布	0.0723	0.1149	10.072	7.291

2.4 3pod 优化试验设计

针对中小样本下响应分布极端分位数精确稳健估计的挑战性难题, C. Jeff Wu 和田玉斌于 2014 年提出了三段式优化敏感性试验设计, 也简称为 3pod 设计.

同样, 假设响应分布具有位置刻度族形式 $F(x) = G((x - \mu)/\sigma)$, 其中 $G(\cdot)$ 已知. 3pod 设计由下面三个灵活的、序贯连接的子设计构成.

2.4.1 第一段设计

第一段设计的目的是: 迅速获得包含响应和不响应两种观测值的合理试验范围, 并获得具有交错区间的观测结果. 这一段设计包含三个部分, 分别是: ① 快速获得响应和不响应观测值; ② 寻找交错区间; ③ 加强交错区间. 下面将详细介绍相对应的设计步骤.

(1) 快速获得响应和不响应观测值.

根据历史经验或历史数据, 猜测位置参数 μ 的取值范围 $[\mu_{\min}, \mu_{\max}]$ 以及 σ 的取值 σ_g, 使其满足

$$\mu_{\max} - \mu_{\min} \geqslant 6\sigma_g.$$

这样的猜测相对于位置参数 μ 的真值而言可能出现 5 种情形: 太靠左、太靠右、太宽、太窄、对称围绕 μ. 该段设计将快速探测是哪种情形并做出相应的调整, 使得试验水平尽可能对称地围绕着 μ 设置. 为此, 首先在 $x_1 = 3\mu_{\min}/4 + \mu_{\max}/4$, $x_2 = \mu_{\min}/4 + 3\mu_{\max}/4$ 两点进行试验, 获得相应的试验结果 y_1 和 y_2. 根据 y_1 和 y_2 的观测, 可以分为下面四种情况.

(i) 若 $(y_1, y_2) = (0,0)$, 说明 $[\mu_{\min}, \mu_{\max}]$ 相对于 μ 太靠左, 试验区间需要向右扩展. 在 $x_3 = \mu_{\max} + 1.5\sigma_g$ 处进行试验. 如果 $y_3 = 1$, 则跳入第 (2) 步; 如果 $y_3 = 0$, 在 $x_4 = \mu_{\max} + 3\sigma_g$ 处进行试验. 如果 $y_4 = 1$, 则跳入第 (2) 步; 如果 $y_4 = 0$, 则继续往右扩展试验区间, 每次扩展 $1.5\sigma_g$, 直到出现 $y = 1$ 为止.

(ii) 若 $(y_1, y_2) = (1,1)$, 说明 $[\mu_{\min}, \mu_{\max}]$ 相对于 μ 太靠右, 试验区间需要向左扩展. 在 $x_3 = \mu_{\min} - 1.5\sigma_g$ 处进行试验. 如果 $y_3 = 0$, 则跳入第 (2) 步; 如果 $y_3 = 1$, 在 $x_4 = \mu_{\min} - 3\sigma_g$ 处进行试验. 如果 $y_4 = 0$, 则跳入第 (2) 步; 如果 $y_4 = 1$, 则继续往左扩展试验区间, 每次扩展 $1.5\sigma_g$, 直到出现 $y = 0$ 为止.

(iii) 若 $(y_1, y_2) = (0,1)$, 说明 $[\mu_{\min}, \mu_{\max}]$ 对称围绕 μ, 跳入第 (2) 步.

(iv) 若 $(y_1, y_2) = (1,0)$, 说明 $[\mu_{\min}, \mu_{\max}]$ 相对于 μ 太窄, 需要向两端扩展, 因此在 $x_3 = \mu_{\min} - 3\sigma_g$ 和 $x_4 = \mu_{\max} + 3\sigma_g$ 处进行试验, 记试验结果 y_3 和 y_4, 并跳入第 (2) 步.

(2) 寻找交错区间.

(i) 记具有响应观测结果的最小试验水平为 m_1, 具有不响应观测结果的最大试验水平为 M_0.

(a) 如果 $m_1 < M_0$, 跳入第 (3) 步.

(b) 如果 $m_1 \geqslant M_0$, 给定 $\sigma = \sigma_g$, 求参数 μ 的极大似然估计 $\hat{\mu}$, 并令新的试验水平为 $\hat{\mu}$. 如果在 $\hat{\mu}$ 处的试验结果使得交错区间出现, 则跳入第 (3) 步. 否则, 继续求 μ 的极大似然估计, 并令其为新试验水平直到

$$m_1 - M_0 < 1.5\sigma_g. \tag{2.27}$$

此时如果依然没有出现交错区间, 为避免落入找不到交错区间的陷阱, 必须跳出区间 $[M_0, m_1]$ 做试验, 具体步骤见以下 (c) 和 (d).

(c) 如果 $m_1 - M_0 < 1.5\sigma_g$, $m_1 \geqslant M_0$, 并且不响应的试验次数 k_0 大于响应的试验次数 k_1, 则在 $m_1 + 0.3\sigma_g$ 处进行试验. 如果观测到 $y = 0$, 跳入第 (3) 步; 否则在 $M_0 - 0.3\sigma_g$ 处进行试验. 如果观测到 $y = 1$, 跳入第 (3) 步; 如果观测到 $y = 0$, 则依然没有找到交错区间, 关于 σ_g 的猜测可能太大了, 进入 (ii).

(d) 如果 $m_1 - M_0 < 1.5\sigma_g$, $m_1 \geqslant M_0$, 并且 $k_0 \leqslant k_1$, 则在 $M_0 - 0.3\sigma_g$ 处进行试验. 如果观测到 $y = 1$, 跳入 (3); 否则在 $m_1 + 0.3\sigma_g$ 处进行试验. 如果观测到 $y = 0$, 跳入 (3); 如果观测到 $y = 1$ 则进入 (ii).

(ii) 缩小关于 σ 的猜测, 更新 σ_g. 令新的 σ_g 为上一轮 σ_g 的 2/3 倍. 更新 m_1 和 M_0, 重复 (i) 和 (ii) 直到 $m_1 < M_0$.

(3) 加强交错区间. 在进行 (1) 和 (2) 步骤后, 已经找到交错区间. 但是, 在试验数据只有一个交错区间时, 参数 (μ, σ) 的极大似然估计的精度往往不高, 需要进一步加强交错区间. 如果 $M_0 - m_1 \geqslant \sigma_g$, 在 $(M_0 + m_1)/2$ 处进行试验. 如果

$0 < M_0 - m_1 < \sigma_g$, 则分别在 $(M_0 + m_1)/2 + 0.5\sigma_g$ 和 $(M_0 + m_1)/2 - 0.5\sigma_g$ 处进行试验. 然后进入第二段设计.

2.4.2　第二段设计

第二段设计的目的是优化参数 (μ, σ) 的估计. 因此, 使用文献 [7] 中提出的 D-最优设计准则来选择后续试验水平. 基于第一段设计获得的数据 $(x_1, y_1), \cdots,$ (x_m, y_m), 计算 (μ, σ) 的极大似然估计 $(\hat{\mu}_m, \hat{\sigma}_m)$, 并做如下调整:

$$\tilde{\mu}_m = \max\{a_m, \min(\hat{\mu}_m, b_m)\}, \quad \tilde{\sigma}_m = \min\{\hat{\sigma}_m, b_m - a_m\},$$

其中 $a_m = \min\{x_1, \cdots, x_m\}$, $b_m = \max\{x_1, \cdots, x_m\}$. 选择新的试验水平 x_{m+1}, 使得在水平 $x_1, \cdots, x_m, x_{m+1}$ 处进行试验, Fisher 信息矩阵 $\boldsymbol{I}(\mu, \sigma)$ 的行列式在 $(\tilde{\mu}_m, \tilde{\sigma}_m)$ 处达到最大. 在 x_{m+1} 处进行试验, 获得试验结果 y_{m+1}. 给定第一段设计和第二段设计的总样本量 n_1, 重复以上步骤, 直到完成样本量 n_1 的试验.

2.4.3　第三段设计

第三段设计的目的是选择试验水平使其逐渐逼近待估分位数 ξ_p, 获得更多关于 ξ_p 的信息并精确估计 ξ_p. 因此, 使用文献 [11] 中提出的优化随机逼近方法.

(1) 选择第三段设计的初始值. 根据前两段试验的数据, 获得 ξ_p 的估计并将其作为第三段设计的第 1 个试验水平, 即

$$x_{n_1+1} = \tilde{\mu}_{n_1} + G^{-1}(p)\tilde{\sigma}_{n_1}.$$

计算 Fisher 信息阵 $\boldsymbol{I}_{n_1}(\tilde{\mu}_{n_1}, \tilde{\sigma}_{n_1})$, 记对应的逆矩阵为 $\boldsymbol{\Sigma} = [I_{n_1}^{ij}]$, 其中 $I_{n_1}^{ij}$ 为该逆矩阵的第 i 行、第 j 列的元素. 令

$$\tau_1^2 = \begin{pmatrix} 1 & G^{-1}(p) \end{pmatrix} \boldsymbol{\Sigma} \begin{pmatrix} 1 \\ G^{-1}(p) \end{pmatrix},$$

即用基于前两段试验数据所得估计 ξ_p 的渐近方差作为第三段设计第一个水平的不确定性 τ_1^2. 为了防止 τ_1^2 过大或过小, 做截断处理使其在 $[2.3429, 6.5079]$ 中.

(2) 优化逼近 ξ_p. 采用以下迭代公式设置试验水平

$$x_{n_1+k+1} = x_{n_1+k} - a_k(y_{n_1+k} - b_k), \quad k \geqslant 1$$

$$a_k = \frac{c_k}{\beta b_k(1 - b_k)}, \quad c_k = \frac{v_k}{(1 + v_k)^{1/2}}\phi\left\{\frac{\Phi^{-1}(p)}{(1 + v_k)^{1/2}}\right\}, \quad b_k = \Phi\left\{\frac{\Phi^{-1}(p)}{(1 + v_k)^{1/2}}\right\},$$

$$v_{k+1} = v_k - \frac{c_k^2}{b_k(1 - b_k)}, \quad v_1 = \beta^2\tau_1^2, \quad \beta = 0.5 \cdot \frac{G'(G^{-1}(p))}{\phi\{\Phi^{-1}(p)\}}\frac{1}{\tilde{\sigma}_{n_1}},$$

其中 x_{n_1+k} 为第三段设计的第 k 个试验水平, y_{n_1+k} 为对应的试验结果. 重复该迭代, 直到完成第三段设计预定样本量 n_2 的试验, 并用 $x_{n_1+n_2+1}$ 估计 ξ_p.

2.4.4 3pod 设计的进一步说明

为了更方便对 3pod 设计进行数值计算, 图 2.15 给出 3pod 设计的流程图. 与其他方法相比, 3pod 设计的创新之处在于它的第一段设计和三段式的结构, 不仅使得寻找试验水平范围和交错区间都更加有效, 而且对 ξ_p 估计也更加精确和稳健.

3pod 设计的第一段设计 I1(iv)(第一段设计 (1) 中的 (iv) 步, 以下记号类似) 扩展试验范围仅需要额外两次试验的原因如下: 在 (x_1, x_2) 处获得试验结果 $(1, 0)$ 后, 在 $x_3 = \mu_{\min} - 3\sigma_g$ 和 $x_4 = \mu_{\max} + 3\sigma_g$ 处进行试验, 此时在从低到高的水平 x_3, x_1, x_2, x_4 处试验有几种可能的结果, 其中 $(1, 1, 0, 0)$ 是我们最不希望看到的结果. 因为 $x_1 - x_3 = x_4 - x_2 = (\mu_{\max} - \mu_{\min})/4 + 3\sigma_g$, $x_2 - x_1 = (\mu_{\max} - \mu_{\min})/2$, 所以这种结果出现的可能性不大, 除非 $\mu_{\max} - \mu_{\min}$ 和 σ_g 都比较小. 在实际应用中, 有经验的试验者是可以避免这种情形的.

3pod 设计 I2(i)(b) 与 D-最优的二分搜索不同. 如果在 m_1 处仅有一个观测 $y = 1$ 且在 M_0 处仅有一个观测 $y = 0$, 则对于具有对称概率密度函数的响应分布而言, 有 $\hat{\mu} = (M_0 + m_1)/2$. 在一般情形下, $\hat{\mu} \neq (M_0 + m_1)/2$. I2(i)(b) 比 D-最优的二分搜索适用性更强, 利用数据也更加充分. 一旦 $\hat{\mu} \in [M_0, m_1]$, 将无法获

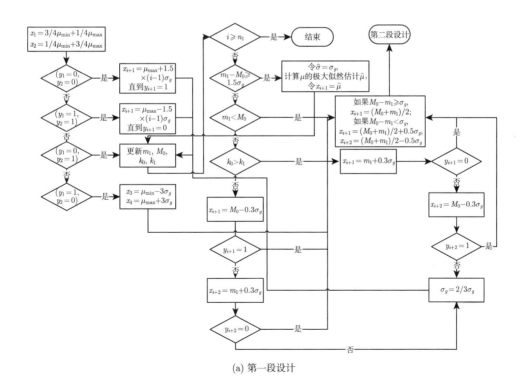

(a) 第一段设计

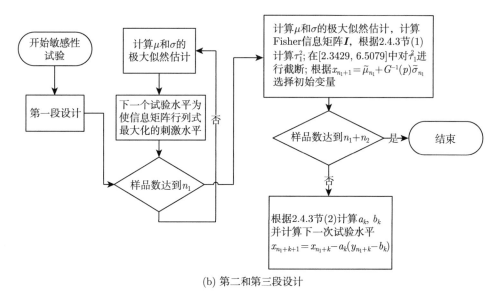

(b) 第二和第三段设计

图 2.15　三段式优化试验设计方法流程图

得交错区间 (交错区间的对立面称为分离区间). 这也是为什么使用 (2.27) 规则在 I2(i)(c) 中跳出区间 $[M_0, m_1]$ 外进行试验的原因, 其中 1.5 是个经验值, 该值不能太小以便迅速跳出分离区间的陷阱.

在 I2(i)(c) 和 I2(i)(d) 中考虑 k_0 与 k_1 大小关系的原因是: 如果 $k_0 > k_1$, 预示着设计序列偏向响应分布中位数的左边. 此时下一次试验水平最好在 m_1 的右边. 而 $0.3\sigma_g$ 中取 0.3 的原因是希望在 m_1 的邻近 $m_1 + 0.3\sigma_g$ 处获得 $y = 0$ 的观测结果, 这样将获得交错区间; 如果 $k_0 < k_1$, 设计的考虑正好相反.

I2(ii) 与 D-最优方法相似, 这一步表明搜索步长可能太大, 进一步缩小 σ_g 有助于提高获得交错区间的机会. 其中 2/3 是经验值, 也可以取为 D-最优方法中的 0.8.

我们知道, 在优化随机逼近中, 当初始试验水平 x_1 远离 ξ_p 时, 在有限样本下随机逼近序列收敛于 ξ_p 的速度会很慢. 在 3pod 设计中, 通过第一段设计和第二段设计, 已经收集到较为丰富的试验数据, 由此获得的估计 $\hat{\xi}_p = \tilde{\mu}_{n_1} + G^{-1}(p)\tilde{\sigma}_{n_1}$ 距离 ξ_p 不会太远, σ 的估计 $\tilde{\sigma}_{n_1}$ 的精度也不会太差. 当使用 $\hat{x}_p$ 的渐近方差来确定 τ_1^2 时, 由于第一段设计和第二段设计的总样本量 n_1 较小, 该近似有时不会太好. 此时借鉴 V. R. Joseph 的建议, $\tau_1 = c/\Phi^{-1}(0.975)$. 3pod 设计将 τ_1 截断于 $[3/\Phi^{-1}(0.975), 5/\Phi^{-1}(0.975)]$ 区间, 于是取 $\tau_1^2 \in [2.3429, 6.5079]$. 在模拟中我们发现, τ_1^2 的截断处理对 ξ_p 估计精度的影响不大, 即使截断至 $[2, 16]$ 范围内, ξ_p 估计的 RMSE 仅变化在第 2 位小数之后. 在第三段设计中我们将优化随机逼近中的 β 替换为 0.5β, 主要是考虑到 ξ_p 的置信水平为 $1 - \alpha$ 的近似置信上限为

$x_{n+1} + \Phi^{-1}\{\alpha\}\tau_{n+1}$, 适当增加 τ_{n+1}, ξ_p 小于该区间上限的概率将会增大, 这在配置燃爆产品的设计水平时非常重要.

2.4.5 3pod 设计示例

为了更直观地展现 3pod 设计, 我们用一个示例来描述其各个步骤. 假设响应分布为 $F(x) = \Phi((x-\mu)/\sigma)$, $\mu = 10$, $\sigma = 1$, $p = 0.9$, $x_p = 11.2816$. 在试验前做如下猜测 $[\mu_{\min}, \mu_{\max}] = [0, 22]$, $\sigma_g = 3$. 取总样本量为 30, 其中 $n_1 = 15$, $n_2 = 15$.

在第一段设计中, 第一个和第二个试验水平分别为

$$x_1 = \frac{3}{4} \cdot 0 + \frac{1}{4} \cdot 22 = 5.5, \quad x_2 = \frac{1}{4} \cdot 0 + \frac{3}{4} \cdot 22 = 16.5.$$

根据蒙特卡罗方法, 模拟观测到 $y_1 = 0, y_2 = 1$. 这正好是 I1(iii) 的情形 $(y_1, y_2) = (0, 1)$, 于是进行 I2(i)(b). 此时 μ 的极大似然估计为 $\hat{\mu} = (5.5 + 16.5)/2 = 11$, 令 $x_3 = 11$, 模拟到 $y_3 = 0$. 更新 $M_0 = 11$, $m_1 = 16.5$. 由于 $m_1 - M_0 = 5.5 > 1.5\sigma_g = 4.5$, 继续 I2(i)(b). 增加 (x_3, y_3) 数据后, 计算 μ 的极大似然估计为 $\hat{\mu} = 13.8$, 并设置 $x_4 = 13.8$, 模拟到 $y_4 = 1$. 更新 $M_0 = 11$, $m_1 = 13.8$. 由于 $m_1 - M_0 = 2.8 < 1.5\sigma_g = 4.5$, 且 $k_0 = k_1 = 2$, 转入 I2(i)(d), 取 $x_5 = M_0 - 0.3\sigma_g = 11 - 0.3 \times 3 = 10.1$. 模拟到 $y_5 = 0$, 此时依然没有出现交错区间. 再取 $x_6 = m_1 + 0.3\sigma_g = 13.8 + 0.3 \times 3 = 14.7$, 模拟获得 $y_6 = 1$. 由于还没有出现交错区间, 进入到 I2(ii), 更新 σ_g 为 $\sigma_g = \frac{2}{3} \times 3 = 2$, 并回到 I2(i)(d). 取 $x_7 = M_0 - 0.3\sigma_g = 11 - 0.3 \times 2 = 10.4$, 模拟获得 $y_7 = 1$, 出现交错区间, 进入 I3. 由于 $M_0 - m_1 = 11 - 10.4 = 0.6 < \sigma_g = 2$, 在 $(M_0 + m_1)/2 \pm 0.5\sigma_g$, 即 9.7 和 11.7 处分别进行试验, 模拟获得 $y_8 = x_9 = 1$, 跳入第二段设计.

在第二段设计中, 计算 (μ, σ) 的极大似然估计, 得到 $\hat{\mu} = 9.9726$, $\hat{\sigma} = 2.0705$, 且无须调整. 根据 D-最优方法, $x_{10} = 7.3$. 继续第二段设计获得 $x_{11}, \cdots, x_{15}$, 跳入第三段设计.

在第三段设计中, x_{16}, x_{17}, x_{18} 逐渐下降向 ξ_p 靠拢. 由于 $y_{18} = 0$, 该逼近序列跳升, 此后稳定地向 ξ_p 逼近, 取得良好效果. 详细试验数据见表 2.9 和图 2.16.

表 2.9 **3pod 设计估计 $\xi_{0.9}$ 的前 30 个试验水平**

试验序号	试验水平 x_i	观测结果 y_i	所在步骤
1	5.5	0	I1(iii)
2	16.5	1	I1(iii)
3	11	0	I2(i)(b)
4	13.8	1	I2(i)(b)
5	10.1	0	I2(i)(d)
6	14.7	1	I2(i)(d)

试验序号	试验水平 x_i	观测结果 y_i	所在步骤
7	10.4	1	I2(ii)
8	11.7	1	I3
9	9.7	1	I3
10	7.3	0	II
11	7.8	0	II
12	8.1	0	II
13	12.2	1	II
14	8.5	0	II
15	11.8	1	II
16	11.7106	1	III
17	11.4896	1	III
18	11.2980	0	III
19	12.3899	1	III
20	12.2393	1	III
21	12.1033	1	III
22	11.9760	1	III
23	11.8660	1	III
24	11.7612	1	III
25	11.6638	1	III
26	11.5730	1	III
27	11.4878	1	III
28	11.4077	1	III
29	11.3321	1	III
30	11.2605	1	III
31	11.1925		

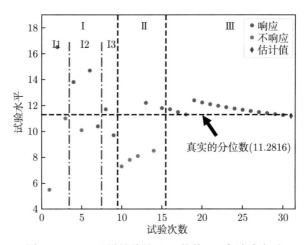

图 2.16 3pod 设计估计 $\xi_{0.9}$ 的前 30 个试验水平

2.4.6 3pod 设计与其他设计的模拟比较

该节将使用蒙特卡罗模拟方法, 比较 3pod 设计和其他常见设计的优劣. 在模拟中真实响应分布分别取为正态分布 $\Phi((x-\mu)/\sigma)$ 和 Logistic 分布 $\text{LG}((x-\mu)/(\sigma/1.8138))$, 其中 $\mu = 10$, $\sigma = 1$, $\text{LG}(z) = \{1 + \exp(z)\}^{-1}$. 这样的两个响应分布具有相同的期望和方差. 在实际应用中, 真实响应分布往往未知, 由于在敏感性试验数据分析中常常假设响应分布为正态分布. 因此, 在模拟比较中, 我们假设响应分布模型为正态分布模型.

根据历史经验, 猜测响应分布 $\Phi((x-\mu)/\sigma)$ 中 μ 和 σ 的值分别为 μ_g 和 σ_g. 在模拟比较中选取的四种敏感性试验设计的初始值分别如下设置.

(1) 升降法: 需要设定初始试验水平 x_1 和步长 d. 设 $x_1 = \mu_g$, $d = \sigma_g$.

(2) Neyer 方法 (D-最优方法): 需要设定 μ 的取值范围 $[\mu_{\min}, \mu_{\max}]$ 和 σ 的猜测值 σ_g. 取 $\mu_{\min} = \mu_g - 4\sigma_g$, $\mu_{\max} = \mu_g + 4\sigma_g$.

(3) Wu 方法: 需要一组具有交错区间的初始试验数据. 我们使用 Neyer 方法的第一部分和第二部分产生具有交错区间的数据. 然后, 应用 Wu 的极大似然迭代方案设计试验. 试验初始值同 (2).

(4) 3pod 设计: 需要设定 μ 的取值范围 $[\mu_{\min}, \mu_{\max}]$ 和 σ 的猜测值 σ_g. 试验初始值同 (2).

(5) RMJ (非抑制随机逼近方法): 需要设计初始试验水平 x_1, σ 和 τ_1. 取

$$x_1 = \mu_g + \Phi^{-1}(p), \quad \sigma = \sigma_g, \quad \tau_1 = 5/\Phi^{-1}(0.975),$$

即 ξ_p 以先验概率 0.95 落入 $[x_1 - 5, x_1 + 5]$ 中.

2.4.6.1 试验有效性比较

除了随机逼近方法, 其他方法都需要对参数 μ, σ 进行估计, 通常的估计方法为似然方法. 此时, 试验数据需有交错区间. Wu 方法没有构造交错区间的功能, 需借助一组具有交错区间的历史数据才能进行后续试验. 我们比较升降法、Neyer 方法和 3pod 方法在构造具有交错区间数据方面的效率, 给定样本量 n, 若获得交错区间, 称为有效试验; 否则称为无效试验. 表2.10~表2.12给出了为获得 1000 次有效试验所遭遇的无效试验次数. 对于正态分布, 水平 9 和水平 11 对应的响应概率分别为 0.159 和 0.841; 对于 Logistic 分布, 水平 9 和水平 11 对应的响应概率分别为 0.140 和 0.860. 对于响应概率为 0.5 的中位数 μ 的猜测, 这已经是一个比较宽泛的范围. 从表 2.10~表 2.12 中可以看出, 当 σ 的猜测比较大时, 即使样本量已经达到 $n = 80$, 升降法和 Neyer 方法的无效试验比例很大. 如果试验者在试验前无法判断 σ 的猜测 σ_g 是否较大, 应用升降法和 Neyer 方法具有很大的风险, 无效试验比例分别为 69.60% 和 99.87%. 3pod 设计在这方面表现得非常好,

针对样本量 $n = 40$ 且猜测最不好的情况 $\mu_g = 11$, $\sigma_g = 4.0$, 其无效试验比例仅为 2.91%. 需注意的是, 3pod 设计仅用第一段设计和第二段的样本量 n_1 来寻找交错区间. 比较 $n_1 = 25$ 和 $n_1 = 30$ 的仿真结果, 即使 μ 和 σ 的猜测与实际值相差较远, 在增加 5 个样本量后无效试验的比例为 0.30%, 已接近于 0.

表 2.10　$n = 40$(在 3pod 中 $n_1 = 25$, $n_2 = 15$) 时三种方法的无效试验次数

方法	$\mu_g = 9 \sim 11$				
	$\sigma_g = 0.5$	$\sigma_g = 1.0$	$\sigma_g = 2.0$	$\sigma_g = 3.0$	$\sigma_g = 4.0$
升降法	$1\sim2$	$32\sim40$	$106\sim1775$	$2158\sim37681$	$45595\sim1530915$
Neyer	$23\sim24$	$74\sim84$	$414\sim528$	$498\sim1103$	$2124\sim2411$
3pod	0	$0\sim1$	$0\sim4$	$6\sim16$	$14\sim30$

表 2.11　$n = 60$(在 3pod 中 $n_1 = 30$, $n_2 = 30$) 时三种方法的无效试验次数

方法	$\mu_g = 9 \sim 11$				
	$\sigma_g = 0.5$	$\sigma_g = 1.0$	$\sigma_g = 2.0$	$\sigma_g = 3.0$	$\sigma_g = 4.0$
升降法	$1\sim2$	$1\sim7$	$22\sim1052$	$1202\sim24934$	$29157\sim1020277$
Neyer	$21\sim33$	$68\sim77$	$408\sim626$	$494\sim1041$	$2019\sim2334$
3pod	0	0	$0\sim1$	$0\sim2$	$0\sim3$

表 2.12　$n = 80$(在 3pod 中 $n_1 = 35$, $n_2 = 45$) 时三种方法的无效试验次数

方法	$\mu_g = 9 \sim 11$				
	$\sigma_g = 0.5$	$\sigma_g = 1.0$	$\sigma_g = 2.0$	$\sigma_g = 3.0$	$\sigma_g = 4.0$
升降法	$0\sim1$	$1\sim2$	$2\sim662$	$787\sim18519$	$21396\sim764958$
Neyer	$16\sim32$	$62\sim74$	$393\sim521$	$482\sim993$	$1971\sim2289$
3pod	0	0	0	0	$0\sim1$

2.4.6.2　估计精度比较

基于 2.3.3 节的比较和 2.4.6.1 节的比较, 在敏感性试验方法优劣性的进一步比较中, 我们只比较性能比较优越的四种方法, 即 Neyer 方法、Wu 方法、非抑制随机逼近方法和 3pod 设计. 在比较中, 取 $\mu_g = 9, 10, 11$; $\sigma_g = 0.5, 1.0, 2.0, 3.0, 4.0$; $p = 0.90, 0.99, 0.999$; $n = 40$ $(n_1 = 25, n_2 = 15)$, 60 $(n_1 = 25, n_2 = 30)$, 80 $(n_1 = 25, n_2 = 55)$.

针对 ξ_p 和每一种参数 μ 和 σ 的猜测, 根据真实响应分布抽取随机数将各种方法仿真 1000 次, 基于假设的正态响应分布模型计算估计 $\hat{\xi}_p$ 的 RMSE. 这里只计算 RMSE 不计算偏差的主要的原因为, 在大多数情况下偏差是 RMSE 中很小的一部分. 具体仿真比较结果见表2.13～表2.18.

表 2.13 真实响应分布为正态分布且 $n = 40$ 情形, 各种方法估计 $\xi_{0.9}$ 的 RMSE

方法	$\mu_g = 9$				
	$\sigma_g = 0.5$	$\sigma_g = 1.0$	$\sigma_g = 2.0$	$\sigma_g = 3.0$	$\sigma_g = 4.0$
Neyer	0.4798	0.4957	0.5095	0.4675	0.5268
3pod	0.4284	0.4534	0.4686	0.4472	0.4606
Wu	0.3787	0.3541	0.3976	0.3467	0.4504
RMJ	0.3109	0.2605	0.3050	0.3529	0.3929
方法	$\mu_g = 10$				
	$\sigma_g = 0.5$	$\sigma_g = 1.0$	$\sigma_g = 2.0$	$\sigma_g = 3.0$	$\sigma_g = 4.0$
Neyer	0.4596	0.4644	0.4958	0.4817	0.4626
3pod	0.4505	0.4520	0.4897	0.4423	0.4498
Wu	0.3879	0.3565	0.3768	0.4148	0.4178
RMJ	0.2967	0.2632	0.3065	0.3595	0.4046
方法	$\mu_g = 11$				
	$\sigma_g = 0.5$	$\sigma_g = 1.0$	$\sigma_g = 2.0$	$\sigma_g = 3.0$	$\sigma_g = 4.0$
Neyer	0.5681	0.5001	0.5005	0.6202	0.7446
3pod	0.4436	0.4480	0.4780	0.4583	0.4439
Wu	0.5185	0.3823	0.4137	0.5338	0.5718
RMJ	0.3054	0.2730	0.3147	0.3605	0.5139

表 2.14 真实响应分布为正态分布且 $n = 60$ 情形, 各种方法估计 $\xi_{0.99}$ 的 RMSE

方法	$\mu_g = 9$				
	$\sigma_g = 0.5$	$\sigma_g = 1.0$	$\sigma_g = 2.0$	$\sigma_g = 3.0$	$\sigma_g = 4.0$
Neyer	0.7160	0.6310	0.7445	0.6834	0.5309
3pod	0.5342	0.5434	0.5369	0.5231	0.5515
Wu	1.3000	1.2464	2.1362	1.3276	1.2057
RMJ	0.4633	0.4005	0.5064	1.3509	3.9470
方法	$\mu_g = 10$				
	$\sigma_g = 0.5$	$\sigma_g = 1.0$	$\sigma_g = 2.0$	$\sigma_g = 3.0$	$\sigma_g = 4.0$
Neyer	0.6225	0.6270	0.6987	0.6678	0.4409
3pod	0.5719	0.5971	0.5919	0.4489	0.4579
Wu	1.3432	1.2803	1.7334	1.2176	1.2840
RMJ	0.4537	0.4128	0.4752	2.3509	4.9470
方法	$\mu_g = 11$				
	$\sigma_g = 0.5$	$\sigma_g = 1.0$	$\sigma_g = 2.0$	$\sigma_g = 3.0$	$\sigma_g = 4.0$
Neyer	0.8675	0.6616	0.7621	0.8921	0.8699
3pod	0.5585	0.5642	0.5611	0.5365	0.5233
Wu	1.1976	1.0108	1.2602	1.0297	1.3105
RMJ	0.4629	0.4172	0.7808	3.3509	5.9470

表 2.15   真实响应分布为正态分布且 $n = 80$ 情形, 各种方法估计 $\xi_{0.999}$ 的 RMSE

方法	$\mu_g = 9$				
	$\sigma_g = 0.5$	$\sigma_g = 1.0$	$\sigma_g = 2.0$	$\sigma_g = 3.0$	$\sigma_g = 4.0$
Neyer	0.8149	0.7850	0.8817	0.8398	0.5460
3pod	0.7696	0.7632	0.7776	0.6802	0.7433
Wu	1.3693	1.8537	2.7452	2.1485	2.0030
RMJ	0.6970	0.5841	0.5282	4.0104	7.4440
方法	$\mu_g = 10$				
	$\sigma_g = 0.5$	$\sigma_g = 1.0$	$\sigma_g = 2.0$	$\sigma_g = 3.0$	$\sigma_g = 4.0$
Neyer	0.6793	0.7627	0.8758	0.7850	0.4917
3pod	0.7857	0.8580	0.7842	0.6815	0.7286
Wu	1.2997	1.9930	2.5588	1.8412	2.3299
RMJ	0.6835	0.5618	1.4748	5.0104	8.4440
方法	$\mu_g = 11$				
	$\sigma_g = 0.5$	$\sigma_g = 1.0$	$\sigma_g = 2.0$	$\sigma_g = 3.0$	$\sigma_g = 4.0$
Neyer	0.9837	0.7928	0.9245	1.0653	0.9861
3pod	0.8035	0.7772	0.7968	0.7081	0.7555
Wu	1.3410	1.5844	2.3133	2.0253	2.3918
RMJ	0.7087	0.6622	2.4748	6.0103	9.4440

表 2.16   真实响应分布为 Logistic 分布且 $n = 40$ 情形, 各种方法估计 $\xi_{0.9}$ 的 RMSE

方法	$\mu_g = 9$				
	$\sigma_g = 0.5$	$\sigma_g = 1.0$	$\sigma_g = 2.0$	$\sigma_g = 3.0$	$\sigma_g = 4.0$
Neyer	0.4794	0.4991	0.5250	0.4733	0.5723
3pod	0.4785	0.4594	0.4909	0.4864	0.5239
Wu	0.3889	0.3685	0.4164	0.3738	0.5126
RMJ	0.3020	0.2785	0.3362	0.3794	0.4353
方法	$\mu_g = 10$				
	$\sigma_g = 0.5$	$\sigma_g = 1.0$	$\sigma_g = 2.0$	$\sigma_g = 3.0$	$\sigma_g = 4.0$
Neyer	0.4549	0.4616	0.4973	0.4967	0.5017
3pod	0.4798	0.4559	0.4992	0.5003	0.5289
Wu	0.4001	0.3626	0.4010	0.5047	0.4733
RMJ	0.2916	0.2838	0.3386	0.3923	0.4698
方法	$\mu_g = 11$				
	$\sigma_g = 0.5$	$\sigma_g = 1.0$	$\sigma_g = 2.0$	$\sigma_g = 3.0$	$\sigma_g = 4.0$
Neyer	0.5592	0.4871	0.5026	0.6149	0.7523
3pod	0.4960	0.4705	0.4845	0.4947	0.5416
Wu	0.5223	0.3713	0.4348	0.5524	0.6041
RMJ	0.3010	0.2975	0.3454	0.4122	0.6396

表 2.17　真实响应分布为 Logistic 分布且 $n = 60$ 情形, 各种方法估计 $\xi_{0.99}$ 的 RMSE

方法	$\mu_g = 9$				
	$\sigma_g = 0.5$	$\sigma_g = 1.0$	$\sigma_g = 2.0$	$\sigma_g = 3.0$	$\sigma_g = 4.0$
Neyer	0.8520	0.8115	0.9090	0.8293	0.5909
3pod	0.7036	0.6632	0.7188	0.7652	0.7961
Wu	1.3791	1.2497	1.9453	1.7400	1.5708
RMJ	0.5560	0.5424	0.7656	1.5710	4.1978
方法	$\mu_g = 10$				
	$\sigma_g = 0.5$	$\sigma_g = 1.0$	$\sigma_g = 2.0$	$\sigma_g = 3.0$	$\sigma_g = 4.0$
Neyer	0.7832	0.7918	0.8381	0.7690	0.5391
3pod	0.7263	0.6818	0.6987	0.7532	0.8567
Wu	1.3991	1.2828	1.8885	1.8354	1.4246
RMJ	0.5571	0.5245	0.6720	2.5311	5.1978
方法	$\mu_g = 11$				
	$\sigma_g = 0.5$	$\sigma_g = 1.0$	$\sigma_g = 2.0$	$\sigma_g = 3.0$	$\sigma_g = 4.0$
Neyer	1.0202	0.8506	0.9447	1.0570	0.9349
3pod	0.7234	0.6615	0.7076	0.7755	0.8167
Wu	1.2768	1.0170	1.4854	1.0816	1.6489
RMJ	0.5500	0.5734	0.9380	3.5311	6.1978

表 2.18　真实响应分布为 Logistic 分布且 $n = 80$ 情形, 各种方法估计 $\xi_{0.999}$ 的 RMSE

方法	$\mu_g = 9$				
	$\sigma_g = 0.5$	$\sigma_g = 1.0$	$\sigma_g = 2.0$	$\sigma_g = 3.0$	$\sigma_g = 4.0$
Neyer	1.3811	1.3342	1.4745	1.4232	0.9936
3pod	1.1383	1.0505	1.0080	1.2161	1.2226
Wu	1.3694	1.7279	2.4104	2.3432	2.2477
RMJ	1.0064	0.7154	0.6144	3.9623	7.2339
方法	$\mu_g = 10$				
	$\sigma_g = 0.5$	$\sigma_g = 1.0$	$\sigma_g = 2.0$	$\sigma_g = 3.0$	$\sigma_g = 4.0$
Neyer	1.2837	1.3385	1.3866	1.2922	0.8834
3pod	1.1551	1.0691	1.0868	1.1375	1.0871
Wu	1.3537	1.8082	2.4986	2.4748	2.2794
RMJ	1.0010	0.7640	1.4695	4.9623	8.2339
方法	$\mu_g = 11$				
	$\sigma_g = 0.5$	$\sigma_g = 1.0$	$\sigma_g = 2.0$	$\sigma_g = 3.0$	$\sigma_g = 4.0$
Neyer	1.5335	1.3289	1.4696	1.6232	1.3817
3pod	1.1489	1.0672	1.0044	1.1005	1.1815
Wu	1.5319	1.4790	2.2917	1.9754	2.2671
RMJ	1.0108	1.1927	2.4602	5.6923	9.2339

(1) 在真实响应分布为正态分布情形, 通过模拟结果可得如下结论.

(a) 在 $n = 40$, $\mu_g = 9, 10$ 且估计 $\xi_{0.9}$ 情形, 按照 RMSE 升序排列 (RMSE 越小, 表明对应的方法表现越好) 有

$$\text{RMJ} > \text{Wu} > \text{3pod} > \text{Neyer}.$$

在 $\mu_g = 11$, $\sigma_g = 0.5, 1.0, 2.0, 3.0$ 时, 依然是 RMJ 表现最好. 在 $\mu_g = 11$, $\sigma_g = 4.0$ 时, 3pod 表现最好.

(b) 在估计 $\xi_{0.99}$ 且 $n = 60$ 情形, 针对 $\mu_g = 9, 10$, $\sigma_g = 0.5, 1.0, 2.0$ 和 $\mu_g = 11$, $\sigma_g = 0.5, 1.0$, 有

$$\text{RMJ} > \text{3pod} > \text{Neyer} > \text{Wu}.$$

在估计 $\xi_{0.999}$ 且 $n = 80$ 情形, 针对 $\mu_g = 9$, $\sigma_g = 0.5, 1.0, 2.0$ 和 $\mu_g = 11$, $\sigma_g = 0.5, 1.0$, 各方法排序同上. 当 $\mu_g = 10$, $\sigma_g = 0.5, 1.0$ 时, Neyer 方法比 3pod 设计好, 但是此时 Neyer 方法无效试验的比例分别为 2.91% 和 6.89%, 而 3pod 设计的无效试验比例为 0.

(c) 在估计 $\xi_{0.99}$ 且 $n = 60$ 情形, 针对 $\mu_g = 9, 10$, $\sigma_g = 3.0$ 和 $\mu_g = 11$, $\sigma_g = 3.0, 4.0$, 有

$$\text{3pod} > \text{Neyer} > \text{Wu} > \text{RMJ}.$$

在估计 $\xi_{0.999}$ 且 $n = 80$ 情形, 针对 $\mu_g = 9, 10, \sigma_g = 3.0$ 和 $\mu_g = 11$, $\sigma_g = 3.0, 4.0$, 各方法排序同上. 当 $\mu_g = 10$, $\sigma_g = 4.0$ 时, Neyer 方法表现突然变好, 这与该情形下 Neyer 方法无效试验比例高达 69.60% 有关. 在该情形下, 试验结果变化不多, 或者出现一些较好的试验结果, 或者试验为无效试验. 当 σ_g 较大时, 且根据初始猜测确定的第一次试验水平 $x_1 = \mu_g + \Phi^{-1}(p)\sigma_g$ 远高于真值, 而且受较大 σ_g 的影响, β 和 a_i 将变小, 致使收敛速度变慢, 此时 RMJ 的表现将变得很差.

(2) 在真实响应分布为 Logistic 分布并且数据分析模型依然采用正态响应分布情形, 模拟结果表现的特性与上述结论基本相似, 主要的不同之处在于以下几点:

(a) 这里的 RMSE 普遍比正态分布情形下的大, 这是数据分析模型并非数据真实模型的自然结果.

(b) 在 $n = 60$, $\mu_g = 9$, $\sigma_g = 2.0$ 以及 $n = 80$, $\mu_g = 11$, $\sigma_g = 1.0$ 情形, 3pod 比 RMJ 表现要好.

(c) 在 $\sigma_g = 4.0$ 且 $n = 60$, $\mu_g = 9$, $\mu_g = 10$ 以及 $n = 80$, $\mu_g = 9$, $\mu_g = 10$ 时, Neyer 表现最好. 由于此时 Neyer 方法无效试验比例很高, 获得这样的优越表现风险实在太大.

通过模拟比较可知: 在四种方法中, 对 μ_g, σ_g 以及真实响应分布类型依赖较小的是 3pod 设计和 Neyer 方法; 在大多数情况下, 3pod 设计优于 Neyer 方法. 3pod 设计的另一个优点是它的灵活的三段式设计: 搜索、估计、逼近, 我们可以非常方便地将其中任何一段用于构造新的设计.

2.4.7 3pod 设计、3pod 改进设计及其与 Sen-Test 的比较

2.4.7.1 D-最优方法与 Sen-Test 的比较

从 2.4.6 节中, 我们可以看出, 对于极端分位数的估计, 3pod 与 Neyer 的 D-最优方法最为稳健. 但是, 正如文献 [13] 指出, Neyer 给出了 D-最优方法的商业软件 Sen-Test, 该软件中 D-最优方法与原文献 [7] 稍有不同, 见流程图 (图2.1). 以下首先比较 Neyer 的 D-最优方法与 Sen-Test. 在比较中, 响应分布依然取为 $\Phi((x-\mu)/\sigma)$ 和 Logistic 分布 $LG((x-\mu)/\sigma)$, 其中 $\mu=10$, $\sigma=1$, $LG(z) = \{1+\exp(z)\}^{-1}$. 同样, 取 $\mu_g=9,10,11$; $\sigma_g=0.5,1.0,2.0,3.0,4.0$. 对于 $p=0.90$, 取 $n=40$; 对于 $p=0.99$, 取 $n=60$; 对于 $p=0.999$, 取 $n=80$. 在相同条件下, 两种方法各模拟 1000 次, 并计算 ξ_p 估计的 RMSE. 具体模拟结果见表2.19~表2.21. 从表中可以看出, 在大多数情况下, Sen-Test 的表现优于 D-最优方法. 特别是在估计 0.99 和 0.999 极端分位数时, 这种优势更加明显. 有四个例外, 此时 D-最优方法有较高的无效试验比例, 这种例外的表现并不能说明 D-最优方法更好.

表 2.19 真实响应分布为正态分布且 $n=40$ 情形, D-最优方法与 Sen-Test 估计 $\xi_{0.9}$ 的 RMSE

μ_g	方法	$\sigma_g=0.5$	$\sigma_g=1.0$	$\sigma_g=2.0$	$\sigma_g=3.0$	$\sigma_g=4.0$
$\mu_g=9$	Sen-Test	0.4267	0.4283	0.4354	0.4547	0.4754
$\mu_g=9$	D-最优	0.4798	0.4957	0.5095	0.4675	0.5268
$\mu_g=10$	Sen-Test	0.4406	0.4301	0.4522	0.4604	0.4577
$\mu_g=10$	D-最优	0.4596	0.4644	0.4958	0.4871	0.4626
$\mu_g=11$	Sen-Test	0.4373	0.4207	0.4192	0.4673	0.4652
$\mu_g=11$	D-最优	0.5681	0.5001	0.5005	0.6202	0.7446

表 2.20 真实响应分布为正态分布且 $n=60$ 情形, D-最优方法与 Sen-Test 估计 $\xi_{0.99}$ 的 RMSE

μ_g	方法	$\sigma_g=0.5$	$\sigma_g=1.0$	$\sigma_g=2.0$	$\sigma_g=3.0$	$\sigma_g=4.0$
$\mu_g=9$	Sen-Test	0.5439	0.5270	0.5262	0.5308	0.5623
$\mu_g=9$	D-最优	0.7160	0.6310	0.7445	0.6834	0.5309
$\mu_g=10$	Sen-Test	0.5268	0.5404	0.5613	0.5189	0.5630
$\mu_g=10$	D-最优	0.6225	0.6270	0.6987	0.6678	0.4409
$\mu_g=11$	Sen-Test	0.5363	0.5352	0.5220	0.5491	0.5743
$\mu_g=11$	D-最优	0.8675	0.6616	0.7621	0.8921	0.8699

表 2.21　真实响应分布为正态分布且 $n = 80$ 情形, D-最优方法与 Sen-Test 估计 $\xi_{0.999}$ 的 RMSE

μ_g	方法	$\sigma_g = 0.5$	$\sigma_g = 1.0$	$\sigma_g = 2.0$	$\sigma_g = 3.0$	$\sigma_g = 4.0$
$\mu_g = 9$	Sen-Test	0.5828	0.5751	0.5618	0.5940	0.5905
$\mu_g = 9$	D-最优	0.8149	0.7850	0.8817	0.8398	0.5640
$\mu_g = 10$	Sen-Test	0.5833	0.5836	0.5849	0.5918	0.6092
$\mu_g = 10$	D-最优	0.6793	0.7627	0.8758	0.7850	0.4917
$\mu_g = 11$	Sen-Test	0.5763	0.5865	0.5794	0.5899	0.5921
$\mu_g = 11$	D-最优	0.9837	0.7928	0.9245	1.0653	0.9861

2.4.7.2　3pod 改进设计

在 3pod 设计中, 我们发现当 σ_g 较小且 μ_g 较小或较大时, 第一段设计的 I1 需要更多的样本来确定试验范围. 在总样本量一定的情况下, 第三段设计用于逼近 ξ_p 的样本将减小, 这样会影响 ξ_p 估计的精度. 另外, 第三段设计对试验水平没有同变性, 见表 2.22. 为了解释同变性, 我们举一例子, 两个试验具有相同的试验结果, 试验 1 的试验水平单位为英寸 (inch), 试验 2 的试验水平单位为厘米 (cm), 试验 2 的水平应是试验 1 水平的 2.54 倍 (=inch/cm), 这一规则称为同变性. 3pod 设计的前两段设计的试验水平具有同变性质. 假设试验水平的单位为 $[x]$, 在 3pod 设计中, σ_g 的单位为 $[x]$. 基于第一段设计和第二段设计的观测结果, 参数 (μ, σ) 的极大似然估计 $(\tilde{\mu}_{n_1}, \tilde{\sigma}_{n_1})$ 的单位为 $[x]$. 在第三段设计中, 第一个试验水平 $x_{n_1+1} = \tilde{\mu}_{n_1} + G^{-1}(p)\tilde{\sigma}_{n_1}$ 的单位为 $[x]$. 令 τ_1^2 表示 3pod 设计第三段设计中用 $x_{3,1}$ 估计 x_p 的不确定性, τ_1 的单位是 $[x]$. 在 3pod 设计的第三段设计中, 为了计算的稳定性, 将 τ_1^2 截断在 $[2.3492, 6.5079]$ 区间. 按照上述讨论, 该截断区间也应该有同变性.

表 2.22　3pod 缺乏同变性的示例

序号	试验阶段	试验结果	单位 1 下的试验水平	单位 2 下的试验水平	比例 *
28	II	0	1.3294	3.6155	2.7197
29	III	1	1.4035	3.8171	2.7197
30	III	0	0.2047	2.7197	13.2863
31	III	0	0.9635	3.5790	3.7146
32	III	1	1.4301	4.1499	2.9018

* 单位 2 下的试验水平和单位 1 下的试验水平的比值.

为了克服上述问题, 我们如下改进 3pod 设计, 并称之为 3pod2.0 设计. 首先改进 3pod 设计的 I1(i) 和 I1(ii). 在 3pod2.0 设计的 I1(i) 中, 若连续两次试验后仍不能进入 I2, 说明右扩太慢, 更新 σ_g 为 $2\sigma_g$. 同样, 在 3pod2.0 设计的 I1(ii) 中, 若连续两次试验后仍不能进入 I2, 说明左扩太慢, 更新 σ_g 为 $2\sigma_g$. 需注意的是, 针对 $(y_1, y_2) = (0, 0)$ 或 $(y_1, y_2) = (1, 1)$, 当刚进入 I1(i) 时, 连续两次试验指 y_3 和

y_4. 此后连续两次试验指更新 σ_g 后的连续两次试验, 具体改进如下:

(1) 3pod2.0 设计的 I1(i): $y_1 = 0$, $y_2 = 0$, 取 $x_{i+1} = \mu_{\max} + 1.5(i-1)\sigma_g$ 直到获得 $y_{i+1} = 1$, 跳入 I2. 如果 $(i-1)$ 是 3 的倍数, 则 σ_g 更新为 $2\sigma_g$.

(2) 3pod2.0 设计的 I1(ii): $y_1 = 1$, $y_2 = 1$, 取 $x_{i+1} = \mu_{\max} - 1.5(i-1)\sigma_g$ 直到获得 $y_{i+1} = 0$, 跳入 I2. 如果 $(i-1)$ 是 3 的倍数, 则 σ_g 更新为 $2\sigma_g$.

我们取 $\mu_{\min} = 0$, $\mu_{\max} = 4$, $\sigma_g = 0.5$, 在正态响应分布 $\Phi(x-10)$ 下模拟仿真改进 3pod 设计的 I1(i), 结果见表 2.23. 在 $y_1 = 0$, $y_2 = 0$ 后连续获得 $y_3 = 0$ 和 $y_4 = 0$, 于是 σ_g 更新为 $\sigma_g = 2 \times 0.5 = 1$, $x_5 = \mu_{\max} + 1.5 \times (4-1)\sigma_g = \mu_{\max} + 1.5 \times 3 \times 1 = 8.5$. 继续仿真试验, 获得 $y_6 = 0$ 和 $y_7 = 0$, σ_g 更新为 $\sigma_g = 2 \times 1 = 2$, $x_8 = \mu_{\max} + 1.5 \times (7-1)\sigma_g = \mu_{\max} + 1.5 \times 6 \times 2 = 22$, $y_8 = 1$, 第 9 次试验跳入 I2.

表 2.23 改进 3pod 设计的 I1(i)

试验序号	x	y	σ_g	备注
1	1	0		不使用 σ_g
2	3	0		不使用 σ_g
3	4.75	0	0.5	进入 I1(i)
4	5.5	0	0.5	
5	8.5	0	1.0	更新
6	10	0	1.0	
7	11.5	0	1.0	
8	22	1	2.0	更新
9	16/75			跳入 I2

在 3pod2.0 的第三段设计中, Σ 表示基于第一段设计和第二段设计的试验数据, 根据 Fisher 信息矩阵得到 $(\tilde{\mu}_{n_1}, \tilde{\sigma}_{n_1})$ 的近似协方差阵, 取

$$\tau_1^2 = \begin{pmatrix} 1 & G^{-1}(p) \end{pmatrix} \Sigma \begin{pmatrix} 1 \\ G^{-1}(p) \end{pmatrix},$$

将其截断在区间 $\tilde{\sigma}_{n_1}^2[2.3492, 6.5079]$ 内, 并使用迭代公式 $\tau_{k+1}^2 = \tau_k^2 - b_k(1-b_k)a_k^2$ 更新 τ_k. 在 3pod 设计中, 有公式

$$x_{n_1+k+1} = x_{n_1+k} - a_k(y_{n_1+k} - b_k), \quad k \geqslant 1,$$

$$a_k = \frac{c_k}{\beta b_k(1-b_k)}, \quad c_k = \frac{v_k}{(1+v_k)^{1/2}}\phi\left\{\frac{\Phi^{-1}(p)}{(1+v_k)^{1/2}}\right\}, \quad b_k = \Phi\left\{\frac{\Phi^{-1}(p)}{(1+v_k)^{1/2}}\right\},$$

$$v_{k+1} = v_k - \frac{c_k^2}{b_k(1-b_k)}, \quad v_1 = \beta^2\tau_1^2, \quad \beta = 0.5 \times \frac{G'(G^{-1}(p))}{\phi\{\Phi^{-1}(p)\}}\frac{1}{\tilde{\sigma}_{n_1}}.$$

β 的单位是 $[x]$, b_k 的单位为 1, a_k 的单位为 $[x]$, 由此 x_{n_1+k+1}, $k \geqslant 1$ 的单位也为 $[x]$, 满足同变性.

2.4.7.3 3pod, 3pod2.0 和 Sen-Test 的比较

由于 Sen-Test 比 D-最优方法更优越, 在本节中, 我们只比较 3pod, 3pod2.0 和 Sen-Test 三种方法. 在比较中, 真实响应分布分别取为正态分布 $\Phi((x-\mu)/\sigma)$、Logistic 分布 $LG((x-\mu)/\sigma)$ 和斜 Logistic 分布 $SLG((x-\mu)/\sigma)$, 其中 $SLG(z) = (1 + e^{-z})^2$, $\mu = 10$, $\sigma = 1$. 在试验设计中, 假设响应分布模型为正态分布 $\Phi((x-\mu)/\sigma)$. 令 μ 和 σ 的猜测分别为 $\mu_g = 6,7,8,9,10,11,12,13,14$, $\sigma_g = 0.25, 0.5, 1, 2, 3, 4, 6, 8$. 在 μ_g 和 σ_g 的每一种组合下, 按照相应设计方法模拟 1000 次试验. 考虑两种停止规则: 交错区间停止规则和固定样本量规则, 其中交错区间停止规则为一旦获得交错区间则停止试验. 在敏感性试验中, 斜 Logistic 分布经常作为非对称分布的代表.

针对 $\mu_g = 8, 10, 12$, $\sigma_g = 0.25, 1, 4$, 图 2.17 给出真实响应分布为正态分布的情形, 应用交错区间停止规则所需样本量的箱线图. 从图 2.17 中我们可以看出, 三种方法获得交错区间所需平均样本量在 5 到 15 之间, 且 75% 分位数低于 15. 在这样的样本量下很难给出较精确的估计, 由此所得 $\hat{\xi}_{0.9} = \hat{\mu} + \hat{\sigma}\Phi^{-1}(0.9)$ 与真值之间也会有较大误差, 因此交错区间停止规则不适用于估计响应分布的极端分位数. 建议该停止规则仅用于估计响应分布的 0.5 分位数 $\xi_{0.5}$.

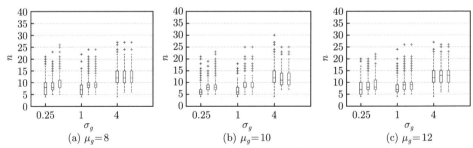

图 2.17   正态响应分布获得交错区间的试验次数箱线图. 蓝色: Sen-Test; 红色: 3pod; 绿色: 3pod2.0

(1) 应用交错区间停止规则估计 $\xi_{0.5}$. 按照某试验设计方法, 在获得交错区间后, 应用所有观测数据估计参数 μ 和 σ 以及 $\xi_{0.5}$, 分别为 $\hat{\mu}$, $\hat{\sigma}$ 和 $\hat{\xi}_{0.5} = \hat{\mu} + \hat{\sigma}\Phi^{-1}(0.5)$. 在 1000 次模拟后, 计算 $\hat{\xi}_{0.5}$ 的 RMSE. 定义以下两个比例

$$r_1 = \frac{\text{RMSE}_{\text{3pod}}}{\text{RMSE}_{\text{Sen-Test}}}, \tag{2.28}$$

$$r_2 = \frac{\mathrm{RMSE}_{\text{3pod2.0}}}{\mathrm{RMSE}_{\text{Sen-Test}}}. \tag{2.29}$$

图 2.18 给出 r_1 和 r_2 的热力图. 当 r_1 或者 r_2 的值大于 1 时, 表明 Sen-Test 较好; 当 r_1 和 r_2 的值小于 1 时, 表明 3pod 或 3pod2.0 比 Sen-Test 好. 图中

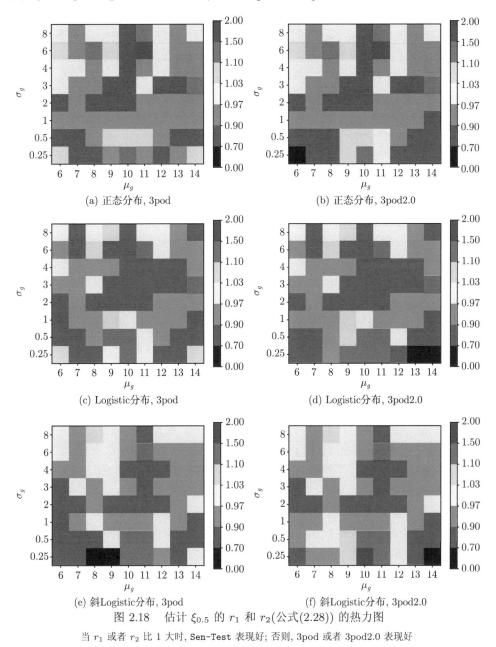

(a) 正态分布, 3pod   (b) 正态分布, 3pod2.0

(c) Logistic分布, 3pod   (d) Logistic分布, 3pod2.0

(e) 斜Logistic分布, 3pod   (f) 斜Logistic分布, 3pod2.0

图 2.18 估计 $\xi_{0.5}$ 的 r_1 和 r_2(公式(2.28)) 的热力图

当 r_1 或者 r_2 比 1 大时, Sen-Test 表现好; 否则, 3pod 或者 3pod2.0 表现好

用灰色画出 r_1 和 r_2 在 0.97 和 1.03 的区域, 表明三种方法相当. 分别用三种颜色 (嫩绿到深绿) 表示 r_1 和 r_2 大于 1.03 区域, 用三种颜色 (粉色到褐红) 表示 r_1 和 r_2 小于 0.97 区域. 对于两种方法 A 和 B, 我们用 $A \approx B$ 表示 A 和 B 相当; 用 $A \gg B$ 表示 A 比 B 好得多; 用 $A > B$ 表示 A 比 B 稍好. 比较结论如下: 当 $\sigma_g \leqslant 1$ 时, 3pod 和 3pod2.0 之间存在微小的差异, 表现相当. 但是, 3pod 及 3pod2.0 与 Sen-Test 之间存在较大的区别. 从图 2.18 中, 我们不难发现, 在各个热力图的中间偏下的位置, 即对于正态和 Logistic 分布且 $\mu_g = 9, 10, 11$, $\sigma_g = 0.25, 0.5$ 以及对于斜 Logistic 分布且 $\mu_g = 10, 11$, $\sigma_g = 0.25, 0.5$, 有比较多的绿色区域 (r 的值大于 1.1 或者 1.5). 在这些区域里, Sen-Test $\gg$ 3pod, 并且 3pod $>$ 3pod2.0. 其原因是当 μ_g 靠近位置参数的真实值 $\mu = 10$ 时, Sen-Test 在参数真实值附近采用 D-最优准则, 有利于参数估计的提升. 并且在 $\sigma_g = 0.25$ 和 $\sigma_g = 0.5$ 时, 交错区间比较容易获取, 使得 D-最优准则表现良好. 在这些区域, 由于 σ_g 偏小, 3pod2.0 采用了额外的步骤来增加 σ_g, 并快速扩展试验区域. 然而在 μ_g 接近真实值时, 这样试验区域的扩展是不必要的. 因此, 3pod 会表现略好于 3pod2.0. 在这些区域以外, 3pod 和 3pod2.0 均优于 Sen-Test; 对于正态分布, 3pod2.0 $>$ 3pod; 对于 Logistic 和斜 Logistic 分布并且 $\mu_g \geqslant 13$ 时, 3pod2.0 $>$ 3pod; 对于斜 Logistic 分布并且 $\mu_g \leqslant 9$ 时, 3pod $>$ 3pod2.0; 对于 Logistic 分布并且 $\mu_g \leqslant 9$ 时, 3pod $\approx$ 3pod2.0.

3pod 和 3pod2.0 在 $\sigma_g > 2$ 时, 表现一致. 对于正态分布和斜 Logistic 分布并且 $\sigma_g = 6, 8$ 时, Sen-Test $\approx$ 3pod 和 3pod2.0. 当 $\sigma_g = 2, 3, 4$ 时, 除了正态分布情况下的两个绿色块, 3pod 和 3pod2.0 $\gg$ Sen-Test. 对于 Logistic 分布并且 $\sigma_g > 2$ 时, 3pod 和 3pod2.0 相对于 Sen-Test 的优势表现得更明显.

(2) 应用固定样本量停止规则. 与 2.4.6.2 节相同, 对于 $\xi_{0.9}$, 取 $n = 40$; 对于 $\xi_{0.99}$, 取 $n = 60$; 对于 $\xi_{0.999}$, 取 $n = 80$. 对于 3pod 和 3pod2.0, 用最后一次试验的水平估计 ξ_p; 对于 Sen-Test, 用 probit 模型估计 ξ_p. 重复各种试验设计方法 1000 次, 对应于 $\xi_{0.9}$ 和 $\xi_{0.99}$ 的 r_1 和 r_2 的彩色图见图 2.19 和图 2.20. 对应于 $\xi_{0.999}$ 的 r_1 和 r_2 的彩色图类似, 不再赘述. 对于固定样本停止准则, 比较的结果如下.

(i) 正态分布.

当 $p = 0.9$ 并且 $\sigma_g = 6, 8$ 时, 除了 $\mu_g = 6, \sigma_g = 8$, 3pod $\gg$ Sen-Test; 当 $\sigma_g = 3, 4$ 时, 3pod $>$ Sen-Test; 当 $\sigma_g \leqslant 2$ 时, Sen-Test $>$ 3pod. 但是, 3pod2.0 大部分表现优于 Sen-Test.

当 $p = 0.99$ 并且 $\sigma_g \leqslant 3$ 时, Sen-Test $\gg$ 3pod; 当 $\sigma_g \geqslant 4$ 时, Sen-Test $\approx$ 3pod; 当 $\sigma_g \geqslant 4$ 时, 3pod2.0 $\gg$ Sen-Test; 当 $\sigma_g \leqslant 3$ 时, 3pod2.0 $<$ Sen-Test.

(ii) Logistic 分布.

对于 $p = 0.9$, 大部分情况下 3pod2.0 $>$ Sen-Test; 当 $\sigma_g = 0.25, 0.5$ 时, Sen-

Test $\gg$ 3pod; 当 $\sigma_g \geqslant 0.5$ 时, 3pod > Sen-Test.

对于 $p = 0.99$, 3pod2.0 $\approx$ Sen-Test; 当 $\sigma_g = 0.25, 0.5$ 时, Sen-Test $\gg$ 3pod; 当 $\sigma_g \geqslant 0.5$ 时, 3pod > Sen-Test.

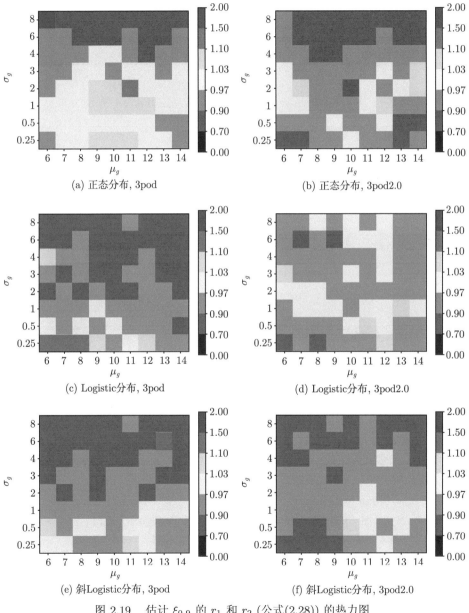

图 2.19   估计 $\xi_{0.9}$ 的 r_1 和 r_2 (公式(2.28)) 的热力图

当 r_1 或者 r_2 比 1 大时, Sen-Test 表现好; 否则, 3pod 或者 3pod2.0 表现好

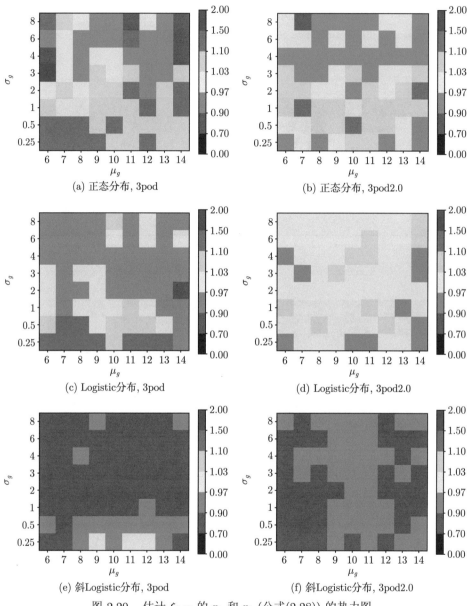

(a) 正态分布, 3pod

(b) 正态分布, 3pod2.0

(c) Logistic分布, 3pod

(d) Logistic分布, 3pod2.0

(e) 斜Logistic分布, 3pod

(f) 斜Logistic分布, 3pod2.0

图 2.20   估计 $\xi_{0.99}$ 的 r_1 和 r_2 (公式(2.28)) 的热力图

当 r_1 或者 r_2 比 1 大时, Sen-Test 表现好; 否则, 3pod 或者 3pod2.0 表现好

(iii) 斜 Logistic 分布.

对于 $p = 0.9$, 除了 $\mu_g = 12, \sigma_g = 6$ 的情况, 3pod 和 3pod2.0 大部分表现优于 Sen-Test. 对于 $p = 0.99$, 3pod 和 3pod2.0 相较于 Sen-Test 的优势更加明显.

由于 3pod2.0 比 3pod 表现更好或更加稳健, 加之 3pod2.0 具有对试验水平的同变性质, 建议用 3pod2.0 代替 3pod. 在真实响应分布为正态分布且 σ_g 较小时, Sen-Test 优于 3pod2.0. 在其他大多数情况下, 3pod2.0 比 Sen-Test 更加优越. 如果主要考虑对真实响应分布的稳健性 (即无法较好确定真实响应分布为正态分布), 应该选择 3pod2.0.

在 2017 年颁发的美国军用标准 MIL-STD-331D 中, 包含四种序贯敏感性试验设计方法, 分别为升降法、Langlie 法、OSTR 法和 Sen-Test 最优方法. 其中升降法和 Langlie 法主要用于估计 $\xi_{0.5}$, OSTR 法所需样本量较大, Sen-Test 具有清晰的优化思想并能获得更加有效的估计.

由于 Sen-Test 和 3pod2.0 比较复杂, 为了更好地使用这些方法, 2018 年, P. A. Roediger[43] 应用 R 语言编制了开源软件 gonogo, 包含 Sen-Test 和 3pod2.0 两种方法.

例2.7 某工厂生产某种型号的电雷管, 工程师关心的是该雷管成功响应概率不小于 0.999 的起爆电压. 生产过程中, 积累了大量的敏感性试验数据, 如表 2.24 所示. 基于上述 2000 个样本的历史数据, 工程师拟合的响应分布为 $\hat{\mu} = 80.9855$, $\hat{\sigma} = 2.40397$ 的正态分布. 从而计算获得的 0.999 分位数估计为 $\hat{\xi}_{0.999} = 88.4143$. 同时, 工程师们用 3pod 方法对该电雷管进行了敏感性试验. 在试验前, 工程师对位置刻度参数的猜测值为 $\mu_g = 79$, 对刻度参数的猜测值为 $\sigma_g = 2.5$, 试验样本量设置为 $n_1 = 35, n_2 = 65$. 试验水平和响应结果如图 2.21 所示. 最终获得 $\xi_{0.999}$ 的估计为 $\tilde{\xi}_{0.999} = 89.0998$, 与大样本获得的估计值 $\hat{\xi}_{0.999} = 88.4143$ 非常接近. 但是 3pod 方法只用了 100 个试验样品, 是大样本试验中样品的 5%.

表 2.24　某工厂积累的关于某型号电雷管敏感性试验数据

电压/V	试验样本个数	成功响应的个数
74	200	1
75	200	9
76	200	20
77	200	47
78	200	65
79	200	87
80	200	126
81	200	182
82	200	177
83	200	194

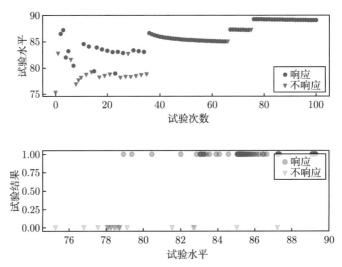

图 2.21　某工厂利用 3pod 方法对某型号电雷管开展敏感性试验的试验水平及试验结果

2.5　估计响应分布 0.5 分位数的小样本优化设计

2.5.1　两阶段优化试验设计方法

在实际应用中, 有时响应分布 0.5 分位数的估计非常重要. 目前以估计响应分布 0.5 分位数为目的的试验设计方法主要有升降法、Langlie 方法和 RMJ 方法 ($p = 0.5$). 其中, 升降法计算简单, 没有使用任何优化策略, 在步长猜测值比较大的时候, 试验的效率比较低. Langlie 方法虽然缺少数学理论, 但是引入了二分搜索的优化思想, 在试验水平的上限 U 和下限 L 设定得比较合理的情况下, 可以迅速获得比较好的估计. 当 0.5 分位数的初始猜测值距离真值相差较远时, 由于 RMJ 方法收敛于真值的速度会逐渐变慢, 该方法的效率也不高.

为了克服以上方法的缺点, 我们首先将分别使用 Langlie 方法、Sen-Test 方法 (第一和第二部分) 和 3pod 方法 (第一阶段) 作为第一阶段试验, 利用少量的试验获得响应分布 0.5 分位数的初步估计, 该估计偏离真实值不太远. 然后在第二阶段试验中, 利用 RMJ 方法的优势, 高效设计试验水平使其快速收敛至响应分布的 0.5 分位数, 从而准确估计该参数. 相应的两阶段优化序贯试验设计方法分别记为 LRMJ、SRMJ 和 TRMJ, 它们均可以被认为是 RMJ 方法的改进.

首先, 根据经验或者历史数据, 给出参数 μ 与 σ 的初始猜测值 μ_g 和 σ_g. 然后利用 Langlie 方法 ($L = \mu_g - 4\sigma_g, U = \mu_g + 4\sigma_g$)、Sen-Test 方法 ($\mu_{\min} = L, \mu_{\max} = U$) 以及 3pod 方法 ($\mu_{\min} = L, \mu_{\max} = U$) 分别进行试验, 直到数据存在交错区间或者满足停止准则. 在这里使用 3-3 停止准则, 即当数据中出现 3 个响应记录

$(y = 1)$ 和 3 个不响应记录 $(y = 0)$ 时停止第一部分试验. 选择 3-3 停止准则的好处在于可以利用较少的样本获得一个比较平衡的数据, 从而获得 0.5 分位数的初步估计. 同时, 在控制整体样本量 m 的情形, 为第二部分的 RMJ 方法留有足够多的样本量来优化 0.5 分位数的估计. 下面的算法 2.6 给出第一阶段试验的步骤

算法 2.6　估计响应分布 0.5 分位数的第一阶段试验步骤

输入: μ_g, σ_g

输出: 试验结果记录

1: 设 $L = \mu_g - 4\sigma_g$

2: 设 $U = \mu_g + 4\sigma_g$

3: 令试验结果为响应的个数 $k_1 = 0$, 试验结果为不响应的个数 $k_0 = 0$

4: 令目前完成的试验个数为 $m = 0$

5: **while** $m \leqslant n$ &&$(k_1 < 3 || k_0 < 3)$ **do**

6: 　　按照 Langlie 方法、Sen-Test 方法 (第一部分与第二部分) 或者 3pod 方法 (第一部分) 选择水平进行试验

7: 　　**if** 试验结果为成功 **then**

8: 　　　　$k_1 = k_1 + 1$

9: 　　**else**

10: 　　　　$k_0 = k_0 + 1$

11: 　　**end if**

12: 　　$m = m + 1$

13: 　　**if** 数据存在交错区间 **then**

14: 　　　　停止第一部分试验

15: 　　**end if**

16: **end while**

设第一阶段试验结束后获得的试验数据为 $\{(x_1, y_1), (x_2, y_2), \cdots, (x_n, y_n)\}$. 如果数据存在交错区间, 似然函数可以表示为

$$L(\mu, \sigma; D_n) = \prod_{i=1}^{n} G\left(\frac{x_i - \mu}{\sigma}\right)^{y_i} \left[1 - G\left(\frac{x_i - \mu}{\sigma}\right)\right]^{1-y_i}.$$

此时参数 (μ, σ) 的极大似然估计唯一存在, 记为 $(\hat{\mu}, \hat{\sigma})$. 如果数据不存在交错区间, 如下估计参数 μ 和 σ,

$$\hat{\mu} = 0.5(\text{MaxX}_f + \text{MinX}_s),$$

$$\hat{\sigma} = \sqrt{\frac{1}{n} \sum_{i=1}^{n} (x_i - \hat{\mu})^2},$$

其中, MaxX_f 表示结果为不响应的最大试验水平, MinX_s 表示结果为响应的最小试验水平, 即

$$\mathrm{MaxX}_f = \max\{x_i | y_i = 0, i = 1, \cdots, n\},$$

$$\mathrm{MinX}_s = \min\{x_i | y_i = 1, i = 1, \cdots, n\}.$$

在有些情况下, 上述参数估计误差可能会很大. 因此, 为了避免参数估计误差过大, 统一对参数进行如下修正,

$$\tilde{\mu} = \max\{\underline{X}, \min(\overline{X}, \hat{\mu})\},$$

$$\tilde{\sigma} = \min\{\hat{\sigma}, \overline{X} - \underline{X}\},$$

其中 $\overline{X}$ 表示目前数据中的最大试验水平, $\underline{X}$ 表示目前数据中的最小试验水平.

完成第一阶段试验后, 获得参数的修正估计 $(\tilde{\mu}, \tilde{\sigma})$. 令第二阶段试验的第一个试验水平为 $x_{2,1} = \tilde{\mu}$, 并且按照

$$x_{2,n} = x_{2,n-1} - a_{n-1}(y_{2,n-1} - b_{n-1}),$$

选择下一个试验水平, 其中 a_{n-1} 和 b_{n-1} 根据式 (2.15) 计算得到. 完成样本量为 n 的试验后, 用 $x_{2,n+1}$ 作为响应分布 0.5 分位数的估计. 图 2.22 给出了上述两阶段优化试验设计方法估计响应分布 0.5 分位数的流程图.

2.5.2　模拟研究

为了分析新提出的两阶段试验设计方法估计响应分布 0.5 分位数的效果, 我们应用蒙特卡罗模拟方法比较 LRMJ、SRMJ、TRMJ、Up-Down、Langlie、Sen-Test、RMJ 和 3pod 等方法. 在比较研究中, LRMJ、SRMJ、TRMJ、RMJ 和 3pod 方法是用最后一次试验的试验水平作为 $\xi_{0.5}$ 的估计, 而升降法、Langlie 方法和 Sen-Test 方法是用参数 μ 的修正估计 $\tilde{\mu}$ 作为 $\xi_{0.5}$ 的估计.

在模拟研究中, 我们假设真实响应分布为正态分布, 即

$$F(x) = \Phi(x; \mu = 10, \sigma = 1).$$

样本量 n 分别设定为 $10, 15, 20, 25, 30$, 参数 μ 和 σ 的猜测值分别为 $\mu_g = 6, 7, 8, 9,$ $10, 11, 12, 13, 14$, $\sigma_g = 0.125, 0.25, 0.5, 1, 2, 4, 8$.

各种方法初始值的选择如下:

(1) 升降法中取 $x_1 = \mu_g$, $d = \sigma_g$;

(2) Langlie 方法中取 $L = \mu_g - 4\sigma_g$, $U = \mu_g + 4\sigma_g$;

(3) Sen-Test 方法和 3pod 方法中取 $\mu_{\min} = \mu_g - 4\sigma_g$, $\mu_{\max} = \mu_g + 4\sigma_g$, $\sigma = \sigma_g$.

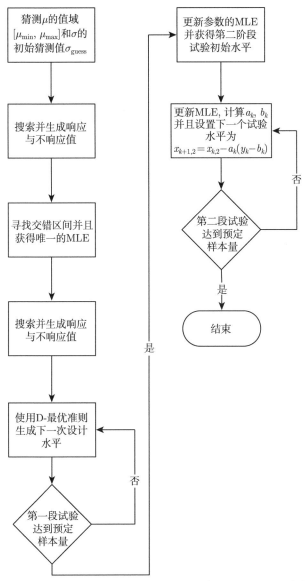

图 2.22　估计响应分布 0.5 分位数的两阶段优化试验设计方法流程图

与文献 [10] 类似, RMJ 方法取 $x_1 = \mu_g$, $\tau = 3.0398$, $\sigma = \sigma_g$. 两阶段优化试验设计方法按照第一阶段的试验方法选择初始值. 对于每一种初始值的组合, 重复 1000 次模拟试验. 基于这 1000 次模拟试验的结果, 计算 $\xi_{0.5}$ 估计的均方误差 (MSE),

$$\text{MSE} = \frac{1}{1000}\sum_{i=1}^{1000}(\hat{x}_{0.5}^i - 10)^2.$$

(1) 极端初始猜测情形估计效果比较.

针对均值参数 μ 猜测远离真实值, 即当 $\mu_g = 6, 14$ 时, 在各种刻度参数 σ 猜测的情况下, 对 $\xi_{0.5}$ 估计的效果进行比较, 模拟的结果如图 2.23 所示. 从图中可以发现:

(i) 升降法在 σ_g 和样本量都比较小时, 估计效果非常差. 这是因为当 σ_g 比较小的时候, 升降法以非常小的步长增加 (减少) 试验水平, μ_g 偏离真实值使得大部分试验结果为不响应 (或者响应), 在样本量比较小的时候, 估计值远低于或者高于真实值.

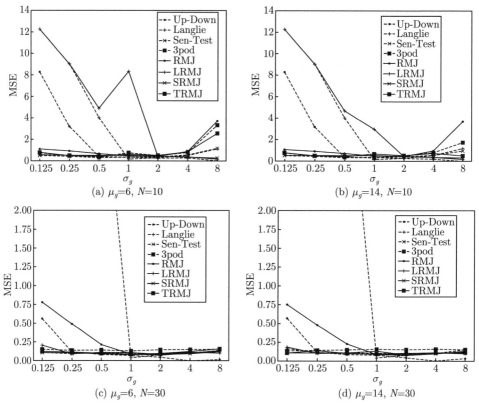

图 2.23   极端初始猜测情况下, 各种方法在样本量为 $N = 10, 30$ 时估计响应分布中位数的 MSE

(ii) Langlie 方法同样在 σ_g 和样本量比较小时, 估计效果非常差. 这是因为 Langlie 方法非常依赖试验的初始猜测, 即试验水平的上限 L 和下限 U. 在猜测

值 U 比真实值小或者猜测值 L 比真实值大的时候, Langlie 方法无法对其进行修正, 从而造成估计值远远偏离真实值, MSE 增大.

(iii) RMJ 方法在 σ_g 及样本量比较小的时候表现也不好. 这是因为 σ_g 比较小的时候, RMJ 试验水平序列的步长比较小, 当初始猜测值远偏离真实值时, 用少的样本量不能使试验水平快速收敛到真实值.

在下面的模拟研究中, 主要关注剩下的五种方法: 3pod 方法、Sen-Test 方法、LRMJ、SRMJ 和 TRMJ.

(2) 3pod、Sen-Test 和新方法的比较.

图2.24~图2.25给出了这五种方法在各种 μ_g 和 σ_g 以及样本量组合下, $\xi_{0.5}$ 估计的 MSE. 从图中可以发现:

(i) Sen-Test 方法和 SRMJ 表现比较好, 并且在各种试验初始值和样本量组合下都可以给出比较稳健的估计, 即这两个方法的 MSE 比较小并且波动比较小.

(ii) LRMJ 方法在 μ_g 偏离真实值并且 σ_g 比较小的时候, $x_{0.5}$ 估计的 MSE 比较大. 这是因为此时的试验区间 (L, U) 偏真实值较远, 而 LRMJ 与 Langlie 方法一样很难对试验区间进行修正.

(iii) 3pod 方法在样本量比较小并且 σ_g 猜测比较小的时候, 估计效果也比较差, 这是因为 3pod 方法的第一阶段和第二阶段需要比较多的样本量, 而在样本量较小时留给第三阶段的样本量不足以使试验水平收敛到真实值附近.

(iv) TRMJ 在 σ_g 猜测比较大且样本量比较小的情况下, 没有 Sen-Test 方法和 SRMJ 方法表现好. TRMJ 方法虽然改进了 3pod 方法在样本量比较小的情况下留给第三阶段试验样本量不足的缺陷, 但是在 σ_g 猜测比较大的时候, TRMJ 第一阶段试验利用 3pod 方法获得的试验区间散布比较大, 在进入第二阶段试验时, 响应分布标准差的估计 $\tilde{\sigma}$ 比较大, 造成第二阶段试验的 RMJ 方法步长比较大, 导致试验水平会出现一些跳跃现象. 在较小的样本量下, TRMJ 方法的试验水平序列不能很快地收敛到真实值.

(v) 在样本量比较大的情况下, 3pod、Sen-Test、TRMJ 和 SRMJ 方法表现比较相近.

综合这部分的模拟结果来看, Sen-Test 方法和 SRMJ 方法估计响应分布 0.5 分位数的表现较为稳健, 优于其他各类方法.

(3) Sen-Test 方法和 SRMJ 方法的比较.

从上述模拟结果可以看出, 在正态模型使用正确的情况下, Sen-Test 方法和 SRMJ 方法估计响应分布 0.5 分位数的效果优于其他各类方法. 为了进一步比较这两种方法的估计效果, 下面针对不同真实响应分布但是均使用正态分布作为模型假设的情形进行比较研究. 真实响应分布选择以下三种分布:

(i) 正态分布函数, $F(x) = \Phi(x; \mu = 10, \sigma = 1)$;

(ii) Logistic 分布函数, $F(x) = 1/(1 + e^{-(x-10)})$;

(iii) 对数正态分布函数, $F(x) = \Phi(\log(x); \mu = 10, \sigma = 1)$.

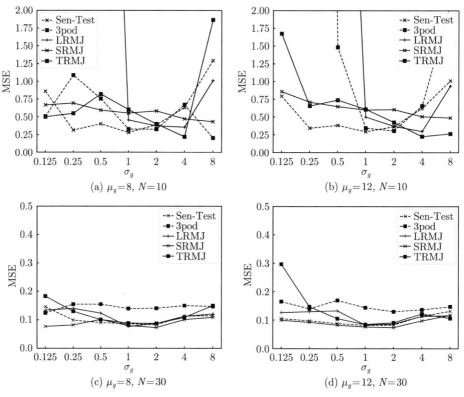

图 2.24　$\mu_g = 8, 12$ 及样本量 $N = 10, 30$ 时估计响应分布中位数的 MSE

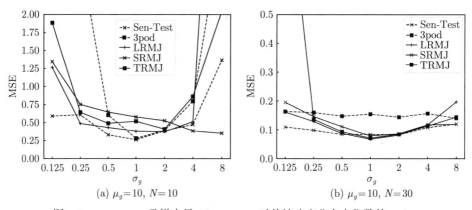

图 2.25　$\mu_g = 10$ 及样本量 $N = 10, 30$ 时估计响应分布中位数的 MSE

图2.26~图2.27分别给出了真实响应分布为正态分布和对数正态分布时, Sen-Test 方法和 SRMJ 方法在各种试验初始猜测和样本量组合下, 估计 $\xi_{0.5}$ 的 MSE. 真实响应分布为 Logistic 分布时有类似结论, 在此不再赘述. 从这些图中, 可以发现: 在样本量特别小的时候, 两个方法的 MSE 都比较大, 在样本量比较大的时候,

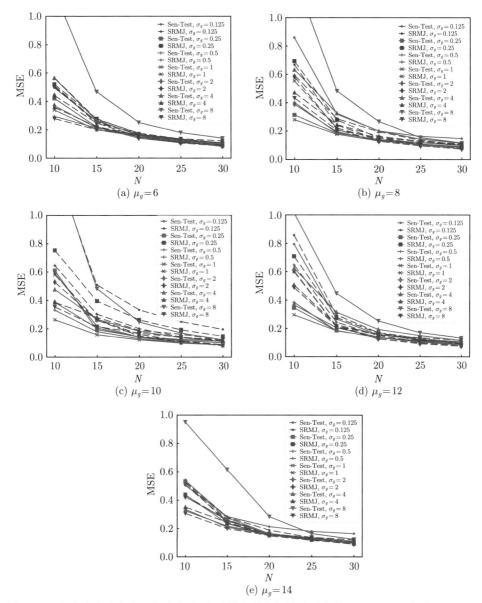

图 2.26 真实响应分布为正态分布时, 各种样本量和初始猜测条件下 Sen-Test 方法和 SRMJ 方法估计响应分布中位数的 MSE

两种方法的 MSE 比较相近. 但是在样本量 $n = 15, 20$ 的时候, SRMJ 方法表现优于 Sen-Test 方法. 进一步说明, SRMJ 方法是一种非参数方法, 对响应分布函数的假设不敏感, 具有更好的稳健性.

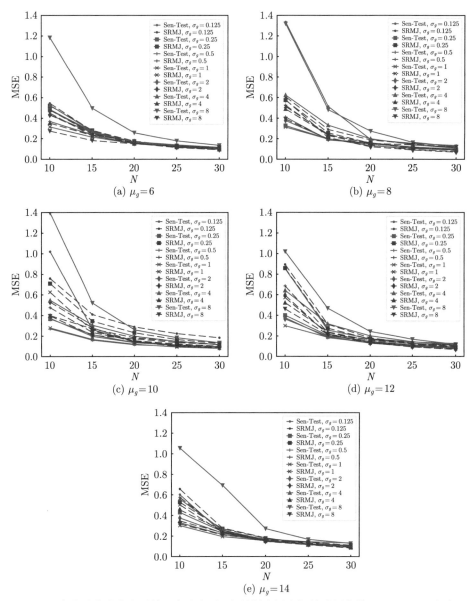

图 2.27　真实响应分布为对数正态分布时, 各种样本量和初始猜测条件下 Sen-Test 方法和 SRMJ 方法估计响应分布中位数的 MSE

综上所述, 针对响应分布 0.5 分位数 $\xi_{0.5}$ 的估计, SRMJ 方法表现最好, 在各种情况下均优于其他方法. SRMJ 方法适用于小样本情况, 且与 Sen-Test 方法不同, 其为非参数方法, 对模型假设和试验初始猜测具有较好的稳健性.

2.6 参数估计的统计性质

前面章节介绍的敏感性试验设计方法, 大多是序贯试验设计. 并且, 很多的敏感性试验设计方法涉及求模型参数的极大似然估计, 并基于极大似然估计对感兴趣的参数或者分位数进行统计推断. 针对一般序贯试验设计开展响应分布参数极大似然估计和贝叶斯估计的相合性研究, 对敏感性试验设计的发展具有非常重要的意义. 本章将给出序贯敏感性试验设计模型参数极大似然估计和贝叶斯估计的理论性质. 这一部分的理论证明需要用到概率测度论的相关知识, 不感兴趣的读者可以跳过.

通常, 在敏感性试验设计中假设响应分布 $F(x)$ 具有位置-刻度族分布的形式, 即

$$F(x) = G\left(\frac{x - \mu}{\sigma}\right),$$

其中, $G(\cdot)$ 为一已知分布函数, $-\infty < \mu < +\infty$ 为位置参数, $\sigma > 0$ 为刻度参数, 并且 μ 和 σ 未知. 为了理论研究的方便, 我们对参数进行变换. 令 $\theta_1 = 1/\sigma$, $\theta_2 = \mu/\sigma$, 则响应分布具有如下形式

$$F(x) = G(\theta_1 x - \theta_2).$$

令参数 $\boldsymbol{\theta} = (\theta_1, \theta_2)$ 的取值空间为 $\Theta \subset \mathbb{R}^2$, 试验水平 x 所属的空间为 $\aleph$, $\theta_1 x - \theta_2$ 的取值空间为 Ξ. 在敏感性序贯试验中, 通常还有如下假设:

(1) 第一次试验的水平 x_1 是预先给定的一个常数.

(2) 第 i 次试验的水平 x_i $(i > 1)$ 由前 $i-1$ 次试验的二元响应结果 $y_1, \cdots, y_{i-1}$ 确定.

(3) 给定 $y_1, \cdots, y_{i-1}$ 和参数 $\boldsymbol{\theta}$, 第 i 次试验的观测结果 y_i 关于 σ-有限测度 v 具有概率密度 $f(y|x_i, \boldsymbol{\theta})$. 进一步, 令 $\boldsymbol{\theta}_0 = (\theta_{01}, \theta_{02})$ 为参数真值且为 Θ 的内点, $P_{\boldsymbol{\theta}_0}$ 是 $\boldsymbol{\theta} = \boldsymbol{\theta}_0$ 时可数族 $(y_1, y_2, \cdots, y_n, \cdots)$ 的概率分布, $P_{\boldsymbol{\theta}_0}$ 由条件密度族 $(f(y|x_1, \boldsymbol{\theta}_0), f(y|x_2, \boldsymbol{\theta}_0), \cdots, f(y|x_n, \boldsymbol{\theta}_0), \cdots)$ 唯一确定[13].

在敏感性试验中, 给定 x_i 以及 $\boldsymbol{\theta}$ 的条件下, y_i 的条件密度为

$$f(y|x_i, \boldsymbol{\theta}) = p_i^y (1-p_i)^{1-y} = \{G(x_i\theta_1 - \theta_2)\}^y \{1 - G(x_i\theta_1 - \theta_2)\}^{1-y}, \quad y = 0, 1.$$
$$\tag{2.30}$$

基于敏感性序贯试验数据 $\{(x_1, y_1), \cdots, (x_n, y_n)\}$, 似然函数可以表示为

$$L_n(\boldsymbol{\theta}) = \prod_{i=1}^{n} f(y_i | x_i, \boldsymbol{\theta}) = \prod_{i=1}^{n} \{G(x_i \theta_1 - \theta_2)\}^{y_i} \{1 - G(x_i \theta_1 - \theta_2)\}^{1-y_i}. \quad (2.31)$$

2.6.1 参数极大似然估计的相合性

在这一节, 我们将研究基于似然函数 (2.31) 所得参数 $\boldsymbol{\theta}$ 的极大似然估计 $\hat{\boldsymbol{\theta}}_n = (\hat{\theta}_{1n}, \hat{\theta}_{2n})$ 的相合性, 即当 $n \to \infty$ 时, $\hat{\boldsymbol{\theta}}_n = (\hat{\theta}_{1n}, \hat{\theta}_{2n})$ 依概率收敛于参数真值 $\boldsymbol{\theta}_0$.

为了证明的需要, 首先给出下面的条件 (C1)~(C5):

(C1) 存在正整数 m_1 使得式 (2.32) 成立

$$(x_{\min}^{+}, x_{\max}^{+}) \cap (x_{\min}^{-}, x_{\max}^{-}) \neq \varnothing$$

$$\text{或} \quad x_{\min}^{+} < x_{\min}^{-} = x_{\max}^{-} < x_{\max}^{+}$$

$$\text{或} \quad x_{\min}^{-} < x_{\min}^{+} = x_{\max}^{+} < x_{\max}^{-}, \quad (2.32)$$

其中 $x_{\max(\min)}^{+} = \max(\min)\{x_i : y_i = 1, i = 1, \cdots, m_1\}$, $x_{\max(\min)}^{-} = \max(\min)\{x_i : y_i = 0, i = 1, \cdots, m_1\}$.

(C2) 存在正整数 m_2、正常数 c 和 c^*, 使得式 (2.33) 成立

$$\frac{1}{n} \sum_{j=1}^{n} x_j^2 \leqslant c, \quad \min_{w_1^2 + w_2^2 = 1} \frac{1}{n} \sum_{j=1}^{n} (w_1 x_j + w_2)^2 \geqslant c^*, \quad n > m_2. \quad (2.33)$$

(C3) $\Xi \subset \{u : 0 < G(u) < 1\}$ 且 Ξ 为连通紧集.

(C4) $-\log G(u)$ 和 $-\log[1 - G(u)]$ 为凸函数, 且 $G(u)$ 在集合 $\{u : 0 < G(u) < 1\}$ 内是严格增函数.

(C5) $G(u)$ 在集合 $\{u : 0 < G(u) < 1\}$ 内有二阶连续导函数.

在上述 5 个条件中, (C1) 保证数据 $\{(x_i, y_i), i = 1, \cdots, n\}$ 具有交错区间. Silvapulle[14] 指出参数 (θ_1, θ_2) 的极大似然估计存在唯一的充要条件为 (C1) 和 (C4) 成立. (C2) 是对试验水平的限制. 在敏感性试验中通常会限制试验水平在某一范围内, 且调整试验水平使其不过于集中, 保障 (C2) 成立. (C3) 是对 $x\theta_1 - \theta_2$, $x \in \aleph$, $\boldsymbol{\theta} \in \Theta$ 取值空间的限制, 是个相对比较弱的假设条件. (C4) 和 (C5) 是针对响应分布模型的条件, 通常的响应模型, 如正态模型和 Logistic 模型都满足该条件.

为了完成定理 2.5 的证明, 首先给出下面的两个引理.

引理 2.1

令 $k(x_i, \boldsymbol{\theta}) = \sum_{y=0,1}\{\log f(y|x_i, \boldsymbol{\theta})\}f(y|x_i, \boldsymbol{\theta})$. 在 (C2)~(C5) 条件下, 任给 $\epsilon > 0$, 有

$$P_{\boldsymbol{\theta}_0}\left\{\inf_{\boldsymbol{\theta}\in N_\epsilon^c(\boldsymbol{\theta}_0)}\frac{1}{n}\sum_{i=1}^{n}[k(x_i, \boldsymbol{\theta}_0) - k(x_i, \boldsymbol{\theta})] > \eta(\epsilon)\right\} \to 1, \quad n \to \infty, \quad (2.34)$$

其中 $N_\epsilon^c(\boldsymbol{\theta}_0) = \{\boldsymbol{\theta} = (\theta_1, \theta_2) : (\theta_1 - \theta_{01})^2 + (\theta_2 - \theta_{02})^2 > \epsilon^2\}$, $\eta(\epsilon)$ 为一和 ϵ 有关的正常数.

证明 给定 $x \in \aleph$ 与 $\boldsymbol{\theta} \in \Theta$, 有

$$k(x, \boldsymbol{\theta}) = [\log\{1 - G(x\theta_1 - \theta_2)\}]\{1 - G(x\theta_{01} - \theta_{02})\}$$
$$+ \{\log G(x\theta_1 - \theta_2)\}G(x\theta_{01} - \theta_{02}).$$

对给定的某个满足 $0 < G(u_0) < 1$ 的 u_0, 假设

$$g(u; u_0) = -[\log\{1 - G(u)\}]\{1 - G(u_0)\} - \{\log G(u)\}G(u_0),$$

则有 $g'(u_0; u_0) = 0$. 对 $x \in \aleph$, $(\theta_1, \theta_2) \in \Theta$, 令 $u_x = x\theta_{01} - \theta_{02}$, 并且 $u_{x,\theta_1,\theta_2} = x\theta_1 - \theta_2$, 有

$$k(x, \boldsymbol{\theta}_0) - k(x, \boldsymbol{\theta}) = g(u_{x,\theta_1,\theta_2}; u_x) - g(u_x; u_x)$$
$$= g''(\eta_{x,\theta_1,\theta_2}; u_x)(u_{x,\theta_1,\theta_2} - u_x)^2, \quad (2.35)$$

其中 $\eta_{x,\theta_1,\theta_2} = u_x + \omega(u_{x,\theta_1,\theta_2} - u_x)$, $0 < \omega < 1$.

由于 Ξ 为连通紧集, 由条件 (C4) 和 (C5) 可知, 存在 $\delta > 0$, 满足 $g''(\eta_{x,\theta_1,\theta_2}; u_x) \geqslant \delta > 0$. 由 (2.35) 和条件 (C2) 可知, 对于 $n > m_2$, 有

$$\inf_{\boldsymbol{\theta}\in N_\epsilon^c(\boldsymbol{\theta}_0)} n^{-1}\sum_{i=1}^{n}\{k(x_i, \boldsymbol{\theta}_0) - k(x_i, \boldsymbol{\theta})\}$$

$$\geqslant \delta \inf_{\boldsymbol{\theta}\in N_\epsilon^c(\boldsymbol{\theta}_0)} n^{-1}\sum_{i=1}^{n}\{x_i(\theta_1 - \theta_{01}) - (\theta_2 - \theta_{02})\}^2$$

$$\geqslant \delta\epsilon^2 n^{-1}\sum_{i=1}^{n}\{x_i\cos(v) - \sin(v)\}^2 \geqslant \delta\epsilon^2 c^*.$$

令 $\eta(\epsilon) = \delta\epsilon^2 c^*$, 则 (2.34) 得证.

引理 2.2

在 (C2), (C4) 和 (C5) 条件下, 有

(1)

$$\limsup_{n\to\infty} \sup_{x_1,\cdots,x_n} \frac{1}{n}\sum_{i=1}^{n}\int (\|\log f(y|x_i,\cdot)\| - M)_+ f(y|x_i,\boldsymbol{\theta}_0)dv \to 0, \quad M\to\infty,$$

(2.36)

其中 $\|\log f(y|x_i,\cdot)\|$ 是给定 y 和 x_i 条件下关于 $\boldsymbol{\theta}$ 的上确界, $x_+ = \max(x,0), x\in\mathbb{R}$.

(2) 当 $\rho\to 0$ 时, 有

$$\limsup_{n\to\infty} \sup_{x_1,\cdots,x_n} \frac{1}{n}\sum_{i=1}^{n}\int \sup_{\tilde{\boldsymbol{\theta}}\in N_\rho(\boldsymbol{\theta})} [|\log f(y|x_i,\tilde{\boldsymbol{\theta}}) - \log f(y|x_i,\boldsymbol{\theta})|] f(y|x_i,\boldsymbol{\theta}_0)dv \to 0,$$

(2.37)

其中 $N_\rho(\boldsymbol{\theta}) = \{\boldsymbol{\theta} = (\theta_1,\theta_2) : (\theta_1 - \theta_{01})^2 + (\theta_2 - \theta_{02})^2 \leqslant \rho^2\}$.

证明　由条件 (C5), $G(\cdot)$ 在点 $u\in\Xi\subset\{u:0<G(u)<1\}$ 处连续. 由于 $x\theta_1 - \theta_2$ 的取值空间 Ξ 为紧集, 则存在正常数 $c_1 - c_4$, 满足

$$c_1 \leqslant 1 - G(x_i\theta_1 - \theta_2) \leqslant c_2 < 1, \quad c_3 \leqslant G(x_i\theta_1 - \theta_2) \leqslant c_4 < 1.$$

将上式代入条件密度 (2.30), 可以得到

$$\int (\|\log f(y|x_i,\cdot)\| - M)_+ f(y|x_i,\boldsymbol{\theta}_0)dv$$

$$= (\|\log\{1 - G(x_i\theta_1 - \theta_2)\}\| - M)_+ \{1 - G(x_i\theta_{01} - \theta_{02})\}$$

$$+ (\|\log\{G(x_i\theta_1 - \theta_2)\}\| - M)_+ G(x_i\theta_{01} - \theta_{02})$$

$$\leqslant (|\log c_1| - M)_+ c_2 + (|\log c_3| - M)_+ c_4.$$

(2.38)

由上式很容易得到 (2.36).

下面证明 (2.37). 我们注意到

$$\int \sup_{\tilde{\boldsymbol{\theta}}\in N_\rho(\boldsymbol{\theta})} \{|\log f(y|x_i,\tilde{\boldsymbol{\theta}}) - \log f(y|x_i,\boldsymbol{\theta})|\} f(y|x_i,\boldsymbol{\theta}_0)dv$$

$$= \left[\sup_{\tilde{\boldsymbol{\theta}}\in N_\rho(\boldsymbol{\theta})} |\log\{1 - G(x_i\tilde{\theta}_1 - \tilde{\theta}_2)\} - \log\{1 - G(x_i\theta_1 - \theta_2)\}|\right] \{1 - G(x_i\theta_{01} - \theta_{02})\}$$

$$+ \left\{ \sup_{\tilde{\boldsymbol{\theta}} \in N_\rho(\boldsymbol{\theta})} |\log G(x_i \tilde{\theta}_1 - \tilde{\theta}_2) - \log G(x_i \theta_1 - \theta_2)| \right\} G(x_i \theta_{01} - \theta_{02})$$

$$\leqslant \rho \left[\sup_{\tilde{\boldsymbol{\theta}} \in N_\rho(\boldsymbol{\theta})} \frac{G'(\xi_{x_i, \tilde{\boldsymbol{\theta}}, \boldsymbol{\theta}})}{1 - G(\xi_{x_i, \tilde{\boldsymbol{\theta}}, \boldsymbol{\theta}})} \{|x_i| + 1\} \right] c_? + \rho \left[\sup_{\tilde{\boldsymbol{\theta}} \in N_\rho(\boldsymbol{\theta})} \frac{G'(\xi^*_{x_i, \tilde{\boldsymbol{\theta}}, \boldsymbol{\theta}})}{G^*(\xi^*_{x_i, \tilde{\boldsymbol{\theta}}, \boldsymbol{\theta}})} \{|r_i| + 1\} \right] c_4, \tag{2.39}$$

其中 $\xi_{x_i, \tilde{\boldsymbol{\theta}}, \boldsymbol{\theta}}$ 和 $\xi^*_{x_i, \tilde{\boldsymbol{\theta}}, \boldsymbol{\theta}}$ 在 $x_i \theta_1 - \theta_2$ 和 $x_i \tilde{\theta}_1 - \tilde{\theta}_2$ 之间.

由条件 (C5), $G'(u)/\{1 - G(u)\}$ 和 $G'(u)/G(u)$ 在点 $u \in \Xi$ 连续, 其中 Ξ 为连通紧集. 因此, 存在正常数 c_5 和 c_6, 满足 $\sup_{\tilde{\boldsymbol{\theta}} \in N_\rho(\boldsymbol{\theta})} G'(\xi_{x_i, \tilde{\boldsymbol{\theta}}, \boldsymbol{\theta}})/\{1 - G(\xi_{x_i, \tilde{\boldsymbol{\theta}}, \boldsymbol{\theta}})\} \leqslant c_5$ 且 $\sup_{\tilde{\boldsymbol{\theta}} \in N_\rho(\boldsymbol{\theta})} G'(\xi^*_{x_i, \tilde{\boldsymbol{\theta}}, \boldsymbol{\theta}})/G^*(\xi_{x_i, \tilde{\boldsymbol{\theta}}, \boldsymbol{\theta}}) \leqslant c_6$. 由该条件、(2.39) 和条件 (C2), 可以获得 (2.37).

定理 2.5

在条件 (C1) $\sim$ (C5) 下, 当样本量 $n \to \infty$ 时, 基于数据 $\{(x_i, y_i), i = 1, \cdots, n\}$ 获得的参数 (θ_1, θ_2) 的极大似然估计 $(\hat{\theta}_{1n}, \hat{\theta}_{2n})$ 依概率收敛于参数真值 $(\theta_{01}, \theta_{02})$.

证明 根据文献 [14], 由条件 (C1) 和 (C4) 可知极大似然估计 $\hat{\boldsymbol{\theta}}_n = (\hat{\theta}_{1n}, \hat{\theta}_{2n})$ 对于 $n \geqslant m_1$ 存在且唯一. 根据引理 2.1 和引理 2.2, 在满足条件 (C2)$\sim$(C5) 时, 有(2.34), (2.36), (2.37)成立. 根据 Datta[15] 的证明, 令

$$Z_i(\boldsymbol{\theta}) = \log f(y_i | x_i, \boldsymbol{\theta}), \quad i \geqslant 1,$$

$$D_n(\boldsymbol{\theta}) = n^{-1} \sum_{i=1}^n Z_i(\boldsymbol{\theta}),$$

$$\tilde{D}_n(\boldsymbol{\theta}) = n^{-1} \sum_{i=1}^n k(x_i, \boldsymbol{\theta}).$$

容易证明, 当 (2.36) 和 (2.37) 成立时, 满足 L_1 大数定律的条件 (见文献 [16] 中定理 2.1). 因此, 可以获得在 $P_{\boldsymbol{\theta}_0}$ 概率测度下有

$$\sup_{\boldsymbol{\theta}} |D_n(\boldsymbol{\theta}) - \tilde{D}_n(\boldsymbol{\theta})| \to 0$$

成立. 因此, 对于 $\epsilon > 0$, 当 $n \to \infty$ 时, 在 $P_{\boldsymbol{\theta}_0}$ 概率测度下有

$$n^{-1} \sum_{i=1}^n \{k(x_i, \boldsymbol{\theta}_0) - k(x_i, \hat{\boldsymbol{\theta}}_n)\} = \tilde{D}_n(\boldsymbol{\theta}_0) - D(\boldsymbol{\theta}_0) + D(\boldsymbol{\theta}_0) - D_n(\hat{\boldsymbol{\theta}}_n) - \tilde{D}_n(\hat{\boldsymbol{\theta}}_n)$$

$$\leqslant \tilde{D}_n(\boldsymbol{\theta}_0) - D(\boldsymbol{\theta}_0) + D_n(\hat{\boldsymbol{\theta}}_n) - \tilde{D}_n(\hat{\boldsymbol{\theta}}_n)$$

$$\leqslant 2\sup_{\boldsymbol{\theta}}|D_n(\boldsymbol{\theta}) - \tilde{D}_n(\boldsymbol{\theta})| < \eta(\epsilon)$$

趋近于 1. 该结论与引理 2.1 中式 (2.34) 表明 $\hat{\boldsymbol{\theta}}_n = (\hat{\theta}_{1n}, \hat{\theta}_{2n})$ 并不在 $N_\epsilon^c(\boldsymbol{\theta}_0)$ 中. 由于 $\epsilon > 0$ 是任意的, 可知 $\hat{\boldsymbol{\theta}}_n = (\hat{\theta}_{1n}, \hat{\theta}_{2n})$ 是相合的.

2.6.2　参数贝叶斯估计的相合性

令 $\pi_0(\theta_1, \theta_2)$ 为参数 $\boldsymbol{\theta} = (\theta_1, \theta_2)$ 的先验密度. 给定观测数据 $\{(x_1, y_1), \cdots, (x_n, y_n)\}$, $\boldsymbol{\theta}$ 的后验密度为

$$p(\theta_1, \theta_2|(x_1, y_1), \cdots, (x_n, y_n)) \propto \pi_0(\theta_1, \theta_2) \prod_{i=1}^n f(y_i|x_i, \boldsymbol{\theta}). \tag{2.40}$$

参数 $\boldsymbol{\theta}$ 的最大后验估计 $(\hat{\theta}_{1n}, \hat{\theta}_{2n})$ 为 (2.40) 的最大值点.

令 $f_0(\theta) = \pi_0(\theta_1, \theta_2)$, 如果 $\log\pi_0(\theta_1, \theta_2)$ 在 Θ 上有界, 在定理 2.5 的条件下, 引理 2.1 和引理 2.2 的结论对密度族

$$\{f_0(\boldsymbol{\theta}), f(y|x_i, \boldsymbol{\theta}), i \geqslant 1\}$$

成立. 因此在定理 2.5 的条件下, 参数 $\boldsymbol{\theta}$ 的最大后验估计 $(\hat{\theta}_{1n}, \hat{\theta}_{2n})$ 是相合的.

定理 2.6

假设 $\log\pi_0(\theta_1, \theta_2)$ 在 Θ 上有界, 那么在条件 (C1) ~ (C5) 下, 基于数据 $\{(x_i, y_i), i = 1, \cdots, n\}$, 当样本量 $n \to \infty$ 时, 参数 (θ_1, θ_2) 的最大后验估计 $(\hat{\theta}_{1n}, \hat{\theta}_{2n})$ 依概率收敛于参数真值 $(\theta_{01}, \theta_{02})$.

参数 $g(\theta_1, \theta_2)$ 的贝叶斯估计经常也取为其后验期望 $E\{g(\theta_1, \theta_2)|(x_1, y_1), \cdots, (x_n, y_n)\}$. 为了讨论这类贝叶斯估计的相合性, 首先需要研究其高阶逼近. 为此, 进一步需要以下三个条件.

(C6) $g(\theta_1, \theta_2)$ 和 $\pi_0(\theta_1, \theta_2)$ 的前三阶导数在 Θ 内有界.

(C7) $G(u)$ 的前五阶导数在 $\{u : 0 < G(u) < 1\}$ 内有界.

(C8) 存在正整数 m_3, 当 $n > m_3$ 时, 有

$$\iint |g(\theta_1, \theta_2)| p(\theta_1, \theta_2|(x_1, y_1), \cdots, (x_n, y_n)) \, d\theta_1 \, d\theta_2 < \infty.$$

令 $l_n(\theta_1, \theta_2) = \log L_n(\theta_1, \theta_2)$ 为基于数据 $\{(x_1, y_1), \cdots, (x_n, y_n)\}$ 的对数似然函数,

$$\tilde{l}_n(\theta_1, \theta_2) = l_n(\theta_1, \theta_2)/n,$$

$$h(\theta_1, \theta_2) = g(\theta_1, \theta_2)\pi_0(\theta_1, \theta_2),$$

$$k_n(\theta_1, \theta_2) = \tilde{l}_n(\hat{\theta}_{1n}, \hat{\theta}_{2n}) - l_n(\theta_{1n}, \theta_{2n}).$$

应用 Hung 等[17] 的多维 Laplace 逼近公式, 有以下定理成立.

定理 2.7

假设条件 (C1) ~ (C4) 以及 (C6) ~ (C8) 成立, 当 $n > m = \max(m_1, m_2, m_3)$ 时, 有

$$E\{g(\theta_1, \theta_2) | (x_1, y_1), \cdots, (x_n, y_n)\}$$
$$= g(\hat{\theta}_{1n}, \hat{\theta}_{2n}) - \frac{\pi_0^{-1}}{n}\left\{\frac{g\pi_{0ij} - h_{ij}}{2}k_n^{ij} + \frac{g\pi_{0l} - h_l}{6}k_{n,iju}(k_n^{ij}k_n^{ul}[3])\right\} + O(n^{-2}),$$

其中 π_0 和 g 分别指 $\pi_0(\hat{\theta}_{1n}, \hat{\theta}_{2n})$ 和 $g(\hat{\theta}_{1n}, \hat{\theta}_{2n})$, $k_{n,ij}$ 和 $k_{n,ijk}$ 分别指 $k_n(\theta_1, \theta_2)$ 的二阶和三阶导数在 $(\hat{\theta}_{1n}, \hat{\theta}_{2n})$ 处的值, h_i 和 h_{ij} 分别指 $h(\theta_1, \theta_2)$ 的一阶和二阶导数在 $(\hat{\theta}_{1n}, \hat{\theta}_{2n})$ 处的值, π_{0i} 和 π_{0ij} 分别指 $\pi_0(\theta_1, \theta_2)$ 的一阶和二阶导数在 $(\hat{\theta}_{1n}, \hat{\theta}_{2n})$ 处的值, $|(a_{ij})|$ 表示矩阵 (a_{ij}) 的行列式, (k_n^{ij}) 表示矩阵 $(k_{n,ij})$ 的逆矩阵, $k_n^{ij}k_n^{ul}[3]$ 表示将 $\{i, j, u, l\}$ 分为两组且每组两个元素的三种分法对应的矩阵 (k_n^{ij}) 元素乘积之和.

证明 根据定理 2.5, 当 $n \geqslant m_1$ 时参数极大似然估计 $\hat{\boldsymbol{\theta}}_n = (\hat{\theta}_{1n}, \hat{\theta}_{2n})$ 存在且唯一. 对于 $n \geqslant m_1$, $k_n(\theta_1, \theta_2)$ 有一个唯一的全局最小值点 $\hat{\boldsymbol{\theta}}_n = (\hat{\theta}_{1n}, \hat{\theta}_{2n})$, 该点是概率测度 $P_{\boldsymbol{\theta}_0}$ 中 Θ 的内点.

设 $\sigma_{1i}(\theta_1, \theta_2) = \{-\log G(u)\}''|_{x_i\theta_1-\theta_2}$ 和 $\sigma_{2i}(\theta_1, \theta_2) = [-\log\{1-G(u)\}]''|_{x_i\theta_1-\theta_2}$. 对于 $i \geqslant 1$, $x_i\theta_1 - \theta_2 \in \Xi \subset \{u : 0 < G(u) < 1\}$ 且 Ξ 为紧集, 它满足 (C4) 和 (C7) 条件, 并且对于正常数 $c_7 \sim c_{10}$ 满足 $c_7 \leqslant \sigma_{1i}(\theta_1, \theta_2) \leqslant c_8$ 和 $c_9 \leqslant \sigma_{2i}(\theta_1, \theta_2) \leqslant c_{10}$. 另外, 对于任意 $(w_1, w_2) \in \mathbb{R}^2$ 有 $w_1^2 + w_2^2 = 1$. 因此有

$$(w_1, w_2)\frac{\partial^2 k_n(\boldsymbol{\theta})}{\partial\boldsymbol{\theta}\partial\boldsymbol{\theta}'}(w_1, w_2)' = \frac{1}{n}\sum_{i=1}^{n}\{y_i\sigma_{1i}(\theta_1, \theta_2)(w_1 x_i - w_2)^2$$
$$+ (1 - y_i)\sigma_{2i}(\theta_1, \theta_2)(w_1 x_i - w_2)^2\}.$$

结合条件 (C2), 可以得到对于 $\boldsymbol{\theta} = (\theta_1, \theta_2) \in \Theta$ 和 $n > m_2$, $\partial^2 k_n(\boldsymbol{\theta})/\partial\boldsymbol{\theta}\partial\boldsymbol{\theta}'$ 的特征值被限定在两个正常数 $0 < c_{11} < c_{12}$ 之间. 因此对于 $n > m_2$ 而言, $(k_{n,ij})$ 为正定矩阵.

根据条件 (C6) 和 (C7), $k_n(\theta_1, \theta_2)(n \geqslant 1)$ 的前五阶导数一致有界, 且 $h(\theta_1, \theta_2)$ 和 $\pi_0(\theta_1, \theta_2)$ 的前三阶导数在 Θ 上有界.

结合条件 (C8), 使用 Laplace 的多维公式, 对于 $n > m_3$ 可以得到

$$E\{g(\theta_1, \theta_2)|y_1, \cdots, y_n\} = \frac{\iint_\Theta h(\theta_1, \theta_2) \exp\{-nk_n(\theta_1, \theta_2)\}d\theta_1 d\theta_2}{\iint_\Theta \pi_0(\theta_1, \theta_2) \exp\{-nk_n(\theta_1, \theta_2)\}d\theta_1 d\theta_2}$$

$$= \frac{g + A - B - gC + gD + O\left(\dfrac{1}{n^2}\right)}{1 + E - F - C + D + O\left(\dfrac{1}{n^2}\right)}$$

$$= g(\hat{\theta}_{1n}\hat{\theta}_{2n}) - \frac{\pi_0^{-1}}{n}\left\{\frac{g\pi_{0ij} - h_{ij}}{2}k_n^{ij}\right.$$

$$\left. + \frac{g\pi_{0l} - h_l}{6}k_{n,iju}(k_n^{ij}k_n^{ul}[3])\right\} + O(n^{-2}),$$

其中

$$A = \frac{\pi_0^{-1}}{2n}h_{ij}k_n^{ij},$$

$$B = \frac{\pi_0^{-1}}{6n}k_{n,iju}h_l(k_n^{ij}k_n^{ul}[3]),$$

$$C = \frac{1}{24n}k_{n,ijul}(k_n^{ij}k_n^{ul}[3]),$$

$$D = \frac{1}{72n}k_{n,iju}k_{n,lvw}(k_n^{ij}k_n^{ul}k_n^{vw}[15]),$$

$$E = \frac{\pi_0^{-1}}{2n}\pi_{0ij}k_n^{ij},$$

$$F = \frac{\pi_0^{-1}}{6n}k_{n,iju}\pi_{0l}(k_n^{ij}k_n^{ul}[3]),$$

h 表示 $h(\hat{\theta}_{1n}, \hat{\theta}_{2n})$, $k_{n,ijkl}$ 表示 $k_n(\theta_1, \theta_2)$ 在 $(\hat{\theta}_{1n}, \hat{\theta}_{2n})$ 的四阶导数, $k_n^{ij}k_n^{ul}k_n^{vw}[15]$ 表示将 $\{i, j, u, l, v, w\}$ 划分成 3 组, 每组包含两个元素的 15 种划分之和.

推论 2.1

在定理 2.7 的条件下, 后验期望 $E\{g(\theta_1, \theta_2)|(x_1, y_1), \cdots, (x_n, y_n)\}$ 具有相合性.

证明　根据定理 2.5, $(\hat{\theta}_{1n}, \hat{\theta}_{2n})$ 具有相合性. 因此, $g(\hat{\theta}_{1n}, \hat{\theta}_{2n})$ 是相合的. 由定理条件, 容易证明 $\pi_0^{-1}(\boldsymbol{\theta})$, $g(\boldsymbol{\theta})$, $\pi_{0l}(\boldsymbol{\theta})$, $h_l(\boldsymbol{\theta})$, $\pi_{0ij}(\boldsymbol{\theta})$, $h_{ij}(\boldsymbol{\theta})$, $k_{n,ijk}(\boldsymbol{\theta})$ 和 $k_n^{ij}(\boldsymbol{\theta})$

在 Θ 内连续且一致有界. 于是有

$$\frac{\pi_0^{-1}}{n}\left\{\frac{g\pi_{0ij} - h_{ij}}{2}k_n^{ij} + \frac{g\pi_{0l} - h_l}{6}k_{n,iju}(k_n^{ij}k_n^{ul}[3])\right\} = O_p(n^{-1})$$

成立. 由此可得 $E\{g(\theta_1, \theta_2)|(x_1, y_1), \cdots, (x_n, y_n)\}$ 的相合性.

2.7 证 明 附 录

A. 定理2.2的证明.

证明 由优化随机逼近方法的迭代形式, 有 $Z_{k+1} = Z_k - a_k(y_k - b_k)$, 并且

$$\begin{aligned}
E(Z_{k+1}) &= E(Z_k) - a_k\{E(y_k) - b_k\}\\
&= E(Z_k) - a_k[E\{E(y_k|Z_k)\} - b_k]\\
&= E(Z_k) - a_k[E\{M(Z_k)\} - b_k].
\end{aligned} \tag{2.41}$$

根据随机逼近优化设计准则, 我们知道 $E(Z_k) = 0$. 如果令 $E(Z_{k+1}) = 0$, 则可以求解得到

$$b_k = E\{M(Z_k)\}. \tag{2.42}$$

根据迭代公式, 容易计算条件期望 $E(Z_{k+1}^2|Z_k)$ 为

$$\begin{aligned}
E(Z_{k+1}^2|Z_k) &= E(Z_k^2) - 2a_kZ_kE\{(y_k - b_k)|Z_k\} + a_k^2E\{(y_k - b_k)^2|Z_k\}\\
&= E(Z_k^2) - 2a_kZ_k\{M(Z_k) - b_k\} + a_k^2E\{(y_k - b_k)^2|Z_k\}.
\end{aligned} \tag{2.43}$$

注意到

$$E\{(y_k - b_k)^2|Z_k\} = E\{y_k^2 - 2b_ky_k + b_k^2|Z_k\} = M(Z_k) - 2b_kM(Z_k) + b_k^2. \tag{2.44}$$

对式 (2.43) 左右两边同时取期望, 可以获得

$$\begin{aligned}
E(Z_{k+1}^2) &= E\{E(Z_{k+1}^2|Z_k)\}\\
&= E(Z_k^2) - 2a_kE[Z_k\{M(Z_k) - b_k\}]\\
&\quad + a_k^2[E\{M(Z_k)\} - 2b_kE\{M(Z_k)\} + b_k^2]\\
&= E(Z_k^2) - 2a_kE\{Z_kM(Z_k)\} + a_k^2\{b_k - b_k^2\}.
\end{aligned} \tag{2.45}$$

上式表明 $E(Z_{k+1}^2)$ 是关于 a_k 的一元二次方程. 因此, 使得 τ_{k+1} 达到最小的 a_k 应满足

$$a_k = \frac{E\{Z_k M(Z_k)\}}{b_k(1-b_k)} = \frac{E\{Z_k M(Z_k)\}}{E\{M(Z_k)\}[1-E\{M(Z_k)\}]}. \tag{2.46}$$

B. 定理2.4的证明.

证明　V. R. Joseph 在文献 [11] 中给出了按照 $Z_{k+1} = Z_k - a_k(y_k - b_k), k \geqslant 1$ 迭代公式获得的序列 $\{Z_i\}$ 依概率收敛到 0 的条件为:

(1) $\sum_{n=1}^{\infty} a_n = \infty$ 并且 $\sum_{n=1}^{\infty} a_n^2 < \infty$;

(2) $\sum_{n=2}^{\infty} a_n|b_n - p|\sum_{j=1}^{n-1} a_n < \infty$.

因此, 只需要说明公式(2.23), (2.24)和(2.26)确定的 $\{a_n\}$ 和 $\{b_n\}$ 序列满足上述两个条件即可完成定理的证明. 令 $\eta_n = \beta^2 \tau_n^2$, 则

$$\eta_{n+1} = \eta_n - \eta_n^2 I\left\{(\Phi^{-1}(p) - \beta v_n)/\sqrt{1+\eta_n}\right\}/(1+\eta_n), \tag{2.47}$$

其中, $I(u) = \phi^2(u)/[\Phi(u)\{1-\Phi(u)\}]$ 是响应概率为 $\Phi(u)$ 的二元响应数据关于 u 的 Fisher 信息阵. 与文献 [11] 中命题 1 的证明类似, 容易说明

$$\eta_n \to 0,$$

等价于

$$\tau_n^2 \to 0.$$

结合公式(2.22), $v_n \to 0$. 因此, 如果真实的响应分布函数 F 是正态分布函数, 我们有 $z_n \xrightarrow{p} 0$.

对于一般的函数 F, 令式(2.47)的右边为 $h(\eta_n)$, $n^* = 1/I(2\Phi^{-1}(p))$ 以及 $\eta^* = 1/I^2(2\Phi^{-1}(p))$. 存在 $\bar{\eta} \in [0, \eta^*]$, 使得 $\eta \leqslant \bar{\eta}$ 时有 $h(\eta) > 0$. 因为 $\eta_n \to 0$, 则存在 $\bar{n}$ 使得 $n \geqslant \bar{n}$ 时有 $\eta_n < \bar{\eta}$. 令 $\tilde{n} = \max\{\lceil n^* \rceil, \bar{n}, \lceil \eta^*/\bar{\eta}\rceil\}$, $\eta' = \tilde{n}\bar{\eta}$ 及 $\eta'' = \min\{1, \tilde{n}\eta_{\tilde{n}}\}$, 其中 $\lceil x \rceil$ 表示大于等于 x 的最小整数, 则对所有的 $n \geqslant \tilde{n}$, 有 $\eta_n \leqslant \eta'/n$, $\eta_n \geqslant \eta''/n$, $a_n \leqslant \eta'/(\sqrt{2\pi}p(1-p)n\beta)$ 和 $a_n \geqslant 4\eta''\phi(\Phi^{-1}(p))/\{\beta(n+1)\}$ 成立. 因此, $\{a_n\}$ 满足条件 (1).

根据(2.22),

$$v_{n+1}/\tau_{n+1} = (\lambda-1)\phi(-v_{n+1}/\tau_{n+1})/\{(\lambda-1)\Phi(-v_{n+1}/\tau_{n+1})+1\}.$$

令上式的右边部分为 $g(-v_{n+1}/\tau_{n+1})$. 因为 $g(-x) - x = 0$ 有唯一的根, 所以存在 M 使得 $v_{n+1} = M\tau_{n+1}$ 成立. 从(2.24), 我们知道

$$a_n(b_n - p) = a_n[\Phi\{(\Phi^{-1}(p) + \beta v_n)/(1+\beta^2\tau_n^2)^{1/2}\} - p] - M(\tau_n - \tau_{n+1}).$$

根据 Taylor 展开, 有

$$\Phi\{(\Phi^{-1}(p) + \beta\upsilon_n)/(1 + \beta^2\tau_n^2)^{1/2}\} = p + M\beta\phi\{\Phi^{-1}(p)\}\tau_n + O(\tau_n^2).$$

同时,

$$\tau_n - \tau_{n+1} = a_n^2\Phi\{(\Phi^{-1}(p) + \beta\upsilon_n)/(1+\eta_n)^{1/2}\}[1 - \Phi\{(\Phi^{-1}(p)+\beta\upsilon_n)/(1+\eta_n)^{1/2}\}]$$
$$/(\tau_n + \tau_{n+1}).$$

由于 $\eta_n = \beta^2\tau_n^2$ 的阶为 $1/n$, $\tau_n = O(n^{-1/2})$ 以及 $a_n = O(1/n)$, 所以 $a_n|b_n - p| = O(n^{-3/2})$. 这意味着上述条件 (2) 满足. 因此, $z_n \xrightarrow{p} 0$.

第 3 章　广义敏感性优化试验设计

传统的敏感性试验设计主要考虑试验结果是一个二元响应的问题. 然而, 在实际应用中, 经常会碰到试验结果是多个二元响应或者二元响应与连续响应混合的情况. 在本书中, 我们将这样的试验设计问题称为广义敏感性试验设计问题. 本章主要阐述有两个二元响应或者一个二元响应与连续响应混合的广义敏感性试验设计方法.

3.1　具有两个二元响应的敏感性优化试验设计

在智能装备里经常会用到一些逻辑控制模块, 例如智能武器中使用的爆炸逻辑零门, 其试验结果就具有两个二元响应. 文献中有很多关于爆炸逻辑零门的研究, 包括其可靠性分析, 例如文献 [18-21]. 图 3.1 给出了一个爆炸逻辑零门 (也称为间隙零门) 的示例. 图 3.1 中, AB 表示控制通道, CD 表示信号通道, L 表示这两个通道之间的间隙. AB 通道产生的爆轰波可以影响 CD 通道中爆轰波的传播. 如果间隙 L 太小, AB 通道产生的爆轰波会引爆 CD 通道的药柱, 继续沿着 CD 通道传播. 如果 L 太大, AB 通道产生的爆轰波不能有效切断 CD 通道. 工程师希望获得的结果是 AB 通道产生的爆轰波切断 CD 通道而不引爆 CD 通道的药柱. 满足上述要求的输出被称为成功响应. 在实际工程应用中, 工程师们关心的问题是: 如何有效估计成功响应概率高于给定阈值 p 的间隙 L 的范围? 根据文献 [22], 间隙零门成功响应的概率曲线是一个钟形曲线. 从而, 我们关心的间隙 L 的范围是一个区间. 这个区间在文献或者本书中被称为有效区间或者可靠性窗口. 此时, 估计满足成功响应概率大于给定阈值 p 的间隙 L 就转化为估计有效区间的两个端点.

在实际应用中, 除了间隙零门还有很多类似的设备需要确定有效区间, 比如复印机中的送纸设备. 送纸设备的黏力太小不能完成送纸, 但是黏力太大会一次送出去多张纸. 送纸设备要完成一次送且仅送一张纸的功能要求, 黏力就必须保持在有效区间内. 近年来, 类似的具有两个二元响应结果的试验设计问题受到了越来越多的关注. 本节, 我们针对这类问题提出一个自适应双向 MLE 迭代试验设计来估计有效区间. 该方法对模型假设以及参数的初始猜测不敏感, 具有一定的稳健性.

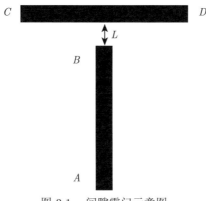

图 3.1 间隙零门示意图

3.1.1 具有两个二元响应结果的刺激-响应概率模型

假设 x 为信号通道和控制通道之间的间隙长度, Y 和 Z 是对应的信号响应和控制响应. 对于给定的间隙长度 x, 令 $Y = 1$ 表示信号响应未发生, $Z = 1$ 表示控制响应失败. 随着间隙长度 x 的增加, $Y = 1$ 的概率和 $Z = 1$ 的概率均呈上升趋势. 我们希望获得的试验结果 $Y = 1, Z = 0$. 令 $\Psi_{ij}(x) = P(Y = i, Z = j|x), i, j = 0, 1$, 则成功响应概率为 p 的有效区间为 $\{x|\Psi_{10}(x) > p\}$.

文献 [22] 指出二元响应 Y 和二元响应 Z 在给定间隙长度 x 的条件下相互独立. 在此独立性的假设下, Gumbel 模型[23] 和 Cox 模型[24-25] 是一样的, 都可以用来刻画两个二元响应的问题. 令间隙长度为 x 条件下, $Y = 1$ 的概率为 $P(Y = 1|x) = H(x)$, $Z = 1$ 的概率为 $P(Z = 1|x) = K(x)$, 其中 $H(\cdot)$ 和 $K(\cdot)$ 是两个未知函数. 在文献中, 位置刻度族分布, 例如正态分布和 Logistic 分布[22], 经常被用来对 $H(\cdot)$ 和 $K(\cdot)$ 进行建模, 即 $P(Y = 1|x) = F(x; \mu, \sigma)$ 以及 $P(Z = 1|x) = G(x; \alpha, \beta)$, 其中 $F(\cdot)$ 和 $G(\cdot)$ 是已知的位置刻度族分布函数, μ 和 α 是未知的位置参数, $\sigma > 0$ 和 $\beta > 0$ 是未知的刻度参数. 由此, 试验结果出现的概率可以表述为

$$\Psi_{00}(x) = P(Y = 0, Z = 0|x) = [1 - F(x; \mu, \sigma)][1 - G(x; \alpha, \beta)],$$

$$\Psi_{10}(x) = P(Y = 1, Z = 0|x) = F(x; \mu, \sigma)[1 - G(x; \alpha, \beta)],$$

$$\Psi_{01}(x) = P(Y = 0, Z = 1|x) = [1 - F(x; \mu, \sigma)]G(x; \alpha, \beta),$$

$$\Psi_{11}(x) = P(Y = 1, Z = 1|x) = F(x; \mu, \sigma)G(x; \alpha, \beta).$$

很容易验证, 当 $F(\cdot)$ 和 $G(\cdot)$ 是正态分布或者 Logistic 分布时, 成功响应的概率曲线是一个钟形曲线, 这与实际应用中遇到的情况是吻合的. 图 3.2 给出了基于

文献 [22] 中试验数据获得的响应概率曲线及对应的有效区间的示例.

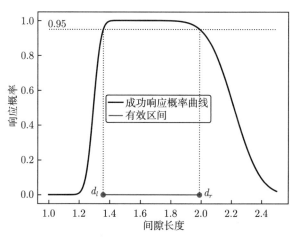

图 3.2 成功响应概率曲线及有效区间的示例

图 3.2 中, 黑色实线表示成功响应的概率曲线, 两个红色的点表示满足 $\Psi_{10}(d_l)$ $= \Psi_{10}(d_r) = 0.95$ 的有效区间端点 d_l 和 d_r, 蓝色的实线表示由 $[d_l, d_r]$ 构成的成功响应概率大于 0.95 的有效区间. 有效区间估计的问题就等价于估计两个端点 d_l 和 d_r. 目前, 在工程应用中, 通常使用等间距的格点法进行试验水平的选择, 并且每一个水平下进行的试验次数也没有经过优化. 在本书中, 我们称这类设计为固定设计. 很明显, 有效区间的估计严重依赖于试验设计. 因此, 如何有效设计试验方案是一个值得研究的课题. 在下面的章节, 我们将详细介绍估计有效区间的优化试验设计方法.

3.1.2 自适应双向 MLE 迭代试验设计

本节所提的试验设计方法包含两个阶段. 第一阶段试验目的在于基于试验者的初始猜测快速确定合理的试验范围, 并改善模型参数的估计值. 第二阶段试验收集更多关于有效区间的信息, 提升有效区间两个端点估计的准确度.

3.1.2.1 初始试验

根据试验者的经验, 给出模型参数的一个初始猜测, 分别记为 $\mu_g, \sigma_g, \alpha_g$ 和 β_g. 进一步确定一个试验范围 $[L, U]$, 满足在 L 处进行试验的结果很大可能为 $(y = 0, z = 0)$ 以及在 U 处进行试验有很大的可能获得 $(y = 1, z = 1)$. 根据参数的初始猜测, 设定 $L = \min\{\mu_g - 3\sigma_g, \alpha_g - 3\beta_g\}$ 和 $U = \max\{\mu_g + 3\sigma_g, \alpha_g + 3\beta_g\}$. 为了消除试验设计对于初始猜测好坏的依赖性, 我们提出下列的第一阶段试验设计以快速修正初始试验范围并获得合理的初始试验数据.

(1) 修正试验范围.

首先, 在 $x_1 = 0.5(L+U)$ 处进行试验. 此时可能会出现四种试验结果 $(y_1, z_1) = (0,0), (y_1, z_1) = (1,1), (y_1, z_1) = (0,1), (y_1, z_1) = (1,0)$ 中的一种. 根据第一次试验结果, 选择下面的策略来调整试验区域.

(i) 如果 $(y_1, z_1) = (0,0)$, 说明 x_1 以很大的概率落在有效区间的左侧. 应该向右扩展试验区域, 扩展的步长设为 $s = (U-L)/4$, 即在 $x_i = x_{i-1} + s, i = 2, 3, \cdots$ 处进行试验, 直到出现一个 $y_l = 1, l = 1, 2, \cdots, i$ 和一个 $z_q = 1, q = 1, 2, \cdots, i$ 的结果.

(ii) 如果 $(y_1, z_1) = (1,1)$, 说明 x_1 以很大的概率落在有效区间的右侧. 应该向左扩展试验区域, 扩展的步长设为 $s = (U-L)/4$, 即在 $x_i = x_{i-1} - s, i = 2, 3, \cdots$ 处进行试验, 直到出现一个 $y_l = 0, l = 1, 2, \cdots, i$ 和一个 $z_q = 0, q = 1, 2, \cdots, i$ 的结果.

(iii) 如果 $(y_1, z_1) = (0,1)$, 向左右两边扩展试验区域. 令 $s = (U-L)/5$, 在 $x_i = x_{i-1} + s, i = 2, 3, \cdots$ 处进行试验, 直到出现 $y_i = 1$ 的结果. 如果有一个 $z_j = 0, j = 1, \cdots, i$ 的结果, 进入到步骤 (2). 否则, 在 $x_{i+1} = \min\{x_k\} - s, k = 1, 2, \cdots, i$ 处进行试验, 直到出现 $z_{i+1} = 0$ 的结果.

(iv) 如果 $(y_1, z_1) = (1,0)$, 依然向左右两边扩展试验区域. 令 $s = (U-L)/5$, 在 $x_i = x_{i-1} - s, i = 2, 3, \cdots$ 处进行试验, 直到出现 $y_i = 0$ 的结果. 如果有一个 $z_j = 1, j = 1, \cdots, i$ 的结果, 进入到步骤 (2). 否则, 在 $x_{i+1} = \max\{x_k\} + s, k = 1, 2, \cdots, i$ 处进行试验, 直到出现 $z_{i+1} = 1$ 的结果.

通过上述步骤, 我们可以确定一个相对合理的试验区域. 为了使未知参数的极大似然估计存在唯一, 还需要获得具有满足交错区间的数据[1,14].

(2) 寻找交错区间.

不失一般性, 我们只对 (x_i, y_i) 数据对应的交错区间的搜索步骤进行详细描述, (x_i, z_i) 数据对应的交错区间的搜索步骤类似. 如果 $\mathrm{MinE} = \min\{x_i : y_i = 1\}$ 小于 $\mathrm{MaxNE} = \max\{x_i : y_i = 0\}$, 说明 (x_i, y_i) 数据对应的交错区间存在. 同理, 如果 $\mathrm{MinT} = \min\{x_i : z_i = 1\}$ 小于 $\mathrm{MaxNT} = \max\{x_i : z_i = 0\}$, 说明 (x_i, z_i) 数据对应的交错区间存在. 搜索交错区间的步骤为: 给定 $\sigma = \sigma_g$, 计算参数 μ 的极大似然估计 $\hat{\mu}$. 如果 $0 < \mathrm{MinE} - \mathrm{MaxNE} < \sigma_g$, 在 $\mathrm{MinE} + \sigma_g$ 和 $\mathrm{MaxNE} - \sigma_g$ 进行试验并更新 $\sigma_g = 0.8\sigma_g$, 否则, 在 $\hat{\mu}$ 处进行试验. 更新试验结果 y_i 和 z_i. 重复该步骤直至出现交错区间.

(3) 加强交错区间.

为了使数值计算获得的极大似然估计比较稳定, 类似文献 [10], 我们在 $\mathrm{MinE} + 0.5\sigma_g, \mathrm{MaxNE} - 0.5\sigma_g, \mathrm{MinT} + 0.5\beta_g, \mathrm{MaxNT} - 0.5\beta_g$ 四个水平处进行加强试验.

在完成第一阶段试验之后, 基于试验数据计算未知参数 $\boldsymbol{\theta} = (\mu, \sigma, \alpha, \beta)$ 的

MLE $\hat{\boldsymbol{\theta}}_n = (\hat{\mu}_n, \hat{\sigma}_n, \hat{\alpha}_n, \hat{\beta}_n)$, 其中 n 表示第一阶段使用的试验量. 用 $\hat{\boldsymbol{\theta}}_n$ 作为 $\boldsymbol{\theta}$ 的估计值进行如下第二阶段试验.

3.1.2.2 自适应双向 MLE 迭代

第二阶段试验的目的是用两个试验序列来分别逼近有效区间的两个端点. 与文献 [1] 类似, 我们用

$$p(x) = \Psi_{10}(x) = F(x; \hat{\mu}_n^l, \hat{\sigma}_n^l)[1 - G(x; \hat{\alpha}_n^l, \hat{\beta}_n^l)] \tag{3.1}$$

逼近有效区间的左端点附近试验水平 x 对应的成功响应概率, 用

$$p(x) = \Psi_{10}(x) = F(x; \hat{\mu}_n^r, \hat{\sigma}_n^r)[1 - G(x; \hat{\alpha}_n^r, \hat{\beta}_n^r)] \tag{3.2}$$

逼近有效区间的右端点附近试验水平 x 对应的成功响应概率. 其中, $\hat{\theta}_n^l = (\hat{\mu}_n^l, \hat{\sigma}_n^l, \hat{\alpha}_n^l, \hat{\beta}_n^l)$ 是基于左侧试验序列 $\{(x_1^l, y_1^l, z_1^l), \cdots, (x_n^l, y_n^l, z_n^l)\}$ 获得的极大似然估计, $\hat{\theta}_n^r = (\hat{\mu}_n^r, \hat{\sigma}_n^r, \hat{\alpha}_n^r, \hat{\beta}_n^r)$ 是基于右侧试验序列 $\{(x_1^r, y_1^r, z_1^r), \cdots, (x_n^r, y_n^r, z_n^r)\}$ 获得的极大似然估计. 在开始第二阶段试验时, 令 $(x_i^l, y_i^l, z_i^l) = (x_i^r, y_i^r, z_i^r) = (x_i, y_i, z_i), i = 1, \cdots, n$, 其中 $\{(x_1, y_1, z_1), \cdots, (x_n, y_n, z_n)\}$ 是第一阶段试验获得的数据. 假设 d_n^l 是方程

$$F(x; \hat{\mu}_n^l, \hat{\sigma}_n^l)[1 - G(x; \hat{\alpha}_n^l, \hat{\beta}_n^l)] = p$$

的左根, d_n^r 是

$$F(x; \hat{\mu}_n^r, \hat{\sigma}_n^r)[1 - G(x; \hat{\alpha}_n^r, \hat{\beta}_n^r)] = p$$

的右根. 我们选择 $x_{n+1}^l = d_n^l$ 和 $x_{n+1}^r = d_n^r$ 作为后续的两个试验水平进行试验. 在完成总的试验样本量 N 之后, 用基于全部左侧试验序列数据或右侧试验序列数据获得方程 (3.1) 的左根和方程 (3.2) 的右根作为有效区间端点 d^l 和 d^r 的估计, 其中 $p(x) = p$.

第二阶段试验的主要思想是在有效区间的左右两个端点附近进行更多的试验, 收集更多关于有效区间端点的信息, 从而使得最终的端点估计比较准确. 在模拟研究过程中, 我们发现在刚获得交错区间的时候, 由于最大化似然函数的数值算法不稳定造成参数的极大似然估计有时会比较差, 这与文献 [7] 报告的情况类似. 因此, 我们提出了对极大似然估计和端点估计进行修正的方法. 针对极大似然估计的修正方法与文献 [7] 类似, 这里就不再赘述. 针对有效区间端点估计的修正方法如下. 令 $\tilde{d}_n^l = d_n^l - 3/4 \max\{d_n^l - d_n^r, 0\}$ 以及 $\tilde{d}_n^r = d_n^r + 3/4 \max\{d_n^l - d_n^r, 0\}$. 试验过程中出现 $d_n^l > d_n^r$ 是不合理的, 此时我们使用 $[d_n^r, d_n^l]$ 区间的 1/4 和 3/4 点作为后续试验的水平, 即 $x_{n+1}^l = \tilde{d}_n^l$ 和 $x_{n+1}^r = \tilde{d}_n^r$. 否则, 我们使用原来的两个

根 d_n^l 和 d_n^r 作为后续的试验水平. 上述修正可以保证 $x_{n+1}^l \leqslant x_{n+1}^r$, 这是符合实际需要的. 模拟的结果也表明上述的修正是有效的. 为了直观清楚地对上述两阶段试验设计步骤进行描述, 给出下面的算法 3.1.

算法 3.1　估计有效窗口的自适应双向 MLE 迭代试验设计

1: 利用初始试验获得数据交错区间
2: 令 n 表示第一阶段试验使用的样本量
3: 令 $k = n$ 以及 N 表示预先设定的总试验样本量
4: 令 $(x_i^l, y_i^l, z_i^l) = (x_i^r, y_i^r, z_i^r) = (x_i, y_i, z_i), i = 1, \cdots, n$
5: **while** $k < N$ **do**
6:　　计算修正的极大似然估计 $\hat{\theta}_n^l$, 即

$$\hat{\mu}_n^l = \min\{\max\{\hat{\mu}_n^l, \min\{x_i^l\}\}, \max\{x_i^l\}\},$$

$$\hat{\alpha}_n^l = \min\{\max\{\hat{\alpha}_n^l, \min\{x_i^l\}\}, \max\{x_i^l\}\},$$

$$\hat{\sigma}_n^l = \min\{\max\{\hat{\sigma}_n^l, 0\}, \max\{x_i^l\} - \min\{x_i^l\}\},$$

$$\hat{\beta}_n^l = \min\{\max\{\hat{\beta}_n^l, 0\}, \max\{x_i^l\} - \min\{x_i^l\}\}$$

7:　　计算方程 $F(x; \hat{\mu}_n^l, \hat{\sigma}_n^l)[1 - G(x; \hat{\alpha}_n^l, \hat{\beta}_n^l)] = p$ 的左根, 并记为 d_n^l
8:　　计算修正的极大似然估计 $\hat{\theta}_n^r$, 即

$$\hat{\mu}_n^r = \min\{\max\{\hat{\mu}_n^r, \min\{x_i^r\}\}, \max\{x_i^r\}\},$$

$$\hat{\alpha}_n^r = \min\{\max\{\hat{\alpha}_n^r, \min\{x_i^r\}\}, \max\{x_i^r\}\},$$

$$\hat{\sigma}_n^r = \min\{\max\{\hat{\sigma}_n^r, 0\}, \max\{x_i^r\} - \min\{x_i^r\}\},$$

$$\hat{\beta}_n^r = \min\{\max\{\hat{\beta}_n^r, 0\}, \max\{x_i^r\} - \min\{x_i^r\}\}$$

9:　　计算方程 $F(x; \hat{\mu}_n^r, \hat{\sigma}_n^r)[1 - G(x; \hat{\alpha}_n^r, \hat{\beta}_n^r)] = p$ 的右根, 并记为 d_n^r
10:　　计算 $\tilde{d}_n^l = d_n^l - 3/4 \max\{d_n^l - d_n^r, 0\}$ 以及 $\tilde{d}_n^r = d_n^r + 3/4 \max\{d_n^l - d_n^r, 0\}$
11:　　令左侧试验序列的下一个试验水平为 $x_{n+1}^l = \tilde{d}_n^l$
12:　　进行试验并记录相应的试验结果 (y_{n+1}^l, z_{n+1}^l)
13:　　令右侧试验序列的下一个试验水平为 $x_{n+1}^r = \tilde{d}_n^r$
14:　　进行试验并记录相应的试验结果 (y_{n+1}^r, z_{n+1}^r)
15:　　$n \leftarrow n + 1$
16:　　$k \leftarrow k + 2$
17: **end while**
18: 基于所有左侧序列数据或者右侧序列数据, 计算修正的极大似然估计 $\hat{\theta}^l$ 和 $\hat{\theta}^r$
19: 计算方程 $F(x; \hat{\mu}^l, \hat{\sigma}^l)[1 - G(x; \hat{\alpha}^l, \hat{\beta}^l)] = p$ 的左根 d^l
20: 计算方程 $F(x; \hat{\mu}^r, \hat{\sigma}^r)[1 - G(x; \hat{\alpha}^r, \hat{\beta}^r)] = p$ 的右根 d^r
21: 计算 $\tilde{d}^l = d^l - 3/4 \max\{d^l - d^r, 0\}$ 和 $\tilde{d}^r = d^r + 3/4 \max\{d^l - d^r, 0\}$
22: 用 $[\tilde{d}^l, \tilde{d}^r]$ 作为有效区间的估计

类似于文献 [1], 在一定的条件下, 定理 3.1 给出自适应双向 MLE 迭代试验设计序列收敛到有效区间端点的理论证明. 为了更方便描述定理 3.1, 我们先给出引理 3.1.

引理 3.1 [26]

令 $\{X_k, k \geq 1\}$ 是对应于递增 σ 域 $\{\mathscr{F}_k, k \geq 0\}$ 的非负随机变量. 假设 $\mathscr{F}_0$ 是平凡的且对任意的 k 都有 $0 < EX_k < \infty$, 令 $p_k = E(X_k|\mathscr{F}_{k-1})$. 如果存在 s $(1 < s \leq 2)$ 和一个与 k 无关的常数 C, 对于所有的 k 都满足

$$E(X_k^s|\mathscr{F}_{k-1}) \leq Cp_k \quad \text{a.s.},$$

则

$$\lim_{n \to \infty} \frac{X_1 + X_2 + \cdots + X_n}{p_1 + p_2 + \cdots + p_n} = 1 \quad \text{a.s.}$$

对于集合 $\Gamma = \left\{\sum p_k \text{发散}\right\}$ 都成立.

定理 3.1

假设 $F(\cdot)$ 和 $G(\cdot)$ 均为正态分布或者 Logistic 分布. 假设 $\hat{\theta}_n^l$ $(\hat{\theta}_n^r)$ 一致收敛到 $\theta_0^l(\theta_0^r)$, 并且对于每一个 n 两个根 d_n^l 和 d_n^r 都存在, 则当 $n \to \infty$ 时自适应 MLE 迭代算法获得的试验序列 x_n^l 和 x_n^r 分别收敛于有效区间的左右端点.

证明   我们首先考虑左侧的试验序列 $\{x_{n+1}^l, n = 0, 1, 2, \cdots\}$. 因为 $\hat{\theta}_n^l \to \theta_0^l$ 一致收敛, 并且 $F(x_{n+1}^l; \mu_n^l, \sigma_n^l)[1 - G(x_{n+1}^l; \alpha_n^l, \beta_n^l)] = p$ 对于每一个 n 都成立, 所以 x_{n+1}^l 一致收敛于 x_*^l, 其中 x_*^l 满足 $F(x_*^l; \mu_0^l, \sigma_0^l)[1 - G(x_*^l; \alpha_0^l, \beta_0^l)] = p$. 因为 $\hat{\theta}_n^l$ 是极大似然估计, 所以满足

$$\frac{1}{n} \sum_{i=1}^n \left\{ \frac{\partial F(x_i^l; \hat{\mu}_n^l, \hat{\sigma}_n^l)}{\partial \mu} \frac{F(x_i^l; \hat{\mu}_n^l, \hat{\sigma}_n^l)}{F(x_i^l; \hat{\mu}_n^l, \hat{\sigma}_n^l)[1 - F(x_i^l; \hat{\mu}_n^l, \hat{\sigma}_n^l)]} \right\}$$
$$= \frac{1}{n} \sum_{i=1}^n \left\{ \frac{\partial F(x_i^l; \hat{\mu}_n^l, \hat{\sigma}_n^l)}{\partial \mu} \frac{y_i^l}{F(x_i^l; \hat{\mu}_n^l, \hat{\sigma}_n^l)[1 - F(x_i^l; \hat{\mu}_n^l, \hat{\sigma}_n^l)]} \right\}. \tag{3.3}$$

根据 $\hat{\theta}_n^l$ 的一致收敛性和 $F(\cdot)$ 的光滑性, 我们知道 (3.3) 等号左边收敛于

$$\frac{\partial F(x_*^l; \mu_0^l, \sigma_0^l)}{\partial \mu} \frac{F(x_*^l; \mu_0^l, \sigma_0^l)}{F(x_*^l; \mu_0^l, \sigma_0^l)[1 - F(x_*^l; \mu_0^l, \sigma_0^l)]}. \tag{3.4}$$

在实际应用中, 通常可以找到一个合理的阶段, 使得对于任意的 i 和 n 都有

$$0 < F(x_i^l; \hat{\mu}_n^l, \hat{\sigma}_n^l) < 1$$

成立. 因此, 存在一个常熟 C 对于所有的 i 和 n 都有

$$\frac{\partial F(x_i^l; \hat{\mu}_n^l, \hat{\sigma}_n^l)}{\partial \mu} \frac{1}{F(x_i^l; \hat{\mu}_n^l, \hat{\sigma}_n^l)[1 - F(x_i^l; \hat{\mu}_n^l, \hat{\sigma}_n^l)]} \leqslant C.$$

因为 y_i^l 是二元响应, 我们有 $E(y_i^l) = E[(y_i^l)^2]$, 这就意味着

$$E\left\{ \left[\frac{\partial F(x_i^l; \hat{\mu}_n^l, \hat{\sigma}_n^l)}{\partial \mu} \frac{y_i^l}{F(x_i^l; \hat{\mu}_n^l, \hat{\sigma}_n^l)[1 - F(x_i^l; \hat{\mu}_n^l, \hat{\sigma}_n^l)]} \right]^2 \right\} \leqslant C p_i \quad \text{a.s.,}$$

其中, $p_i = F(x_i^l; \hat{\mu}_n^l, \hat{\sigma}_n^l)$. 根据引理 3.1, 有

$$\sum_{i=1}^{n} \left\{ \frac{\partial F(x_i^l; \hat{\mu}_n^l, \hat{\sigma}_n^l)}{\partial \mu} \frac{y_i^l}{F(x_i^l; \hat{\mu}_n^l, \hat{\sigma}_n^l)[1 - F(x_i^l; \hat{\mu}_n^l, \hat{\sigma}_n^l)]} \right\}$$

$$\to \sum_{i=1}^{n} \left\{ \frac{\partial F(x_i^l; \hat{\mu}_n^l, \hat{\sigma}_n^l)}{\partial \mu} \frac{H(x_i^l)}{F(x_i^l; \hat{\mu}_n^l, \hat{\sigma}_n^l)[1 - F(x_i^l; \hat{\mu}_n^l, \hat{\sigma}_n^l)]} \right\} \quad \text{a.s.,} \quad (3.5)$$

即

$$\frac{1}{n} \sum_{i=1}^{n} \left\{ \frac{\partial F(x_i^l; \hat{\mu}_n^l, \hat{\sigma}_n^l)}{\partial \mu} \frac{y_i^l}{F(x_i^l; \hat{\mu}_n^l, \hat{\sigma}_n^l)[1 - F(x_i^l; \hat{\mu}_n^l, \hat{\sigma}_n^l)]} \right\}$$

$$\to \frac{\partial F(x_*^l; \mu_0^l, \sigma_0^l)}{\partial \mu} \frac{H(x_*^l)}{F(x_*^l; \mu_0^l, \sigma_0^l)[1 - F(x_*^l; \mu_0^l, \sigma_0^l)]}.$$

对 (3.3) 等号两边求极限, 可以获得

$$F(x_*^l; \mu_0^l, \sigma_0^l) = H(x_*^l).$$

同样, 也可以获得 $G(x_*^l; \alpha_0^l, \beta_0^l) = K(x_*^l)$. 根据 x_*^l 的定义, 可知 $F(x_*^l; \mu_0^l, \sigma_0^l)[1 - G(x_*^l; \alpha_0^l, \beta_0^l)] = p$. 因此, $H(x_*^l)[1 - K(x_*^l)] = p$, 也就是说 x_*^l 是真实的有效区间的左端点. 利用相同的步骤可以证明 x_n^r 收敛到真实的有效区间的右端点.

通过定理 3.1, 不难发现自适应双向 MLE 迭代试验设计具有一定的非参数性质, 即无论真实的响应分布 $H(\cdot)$ 和 $K(\cdot)$ 是什么, 基于正态分布或者 Logistic 分布假设的自适应双向 MLE 迭代试验设计获得的试验序列都会收敛到真实有效区间的左右两个端点.

3.1.3　算法示例

在本节中, 我们用一个示例来说明新提出的自适应双向 MLE 迭代试验设计的性质. 假设在试验水平 x 处, 响应 $Y = 1$ 的概率曲线函数为 $H(x) = \Phi(x; \mu = 10, \sigma = 1)$, 响应 $Z = 1$ 的概率曲线函数为 $K(x) = \Phi(x; \alpha = 18, \beta = 1)$, 其中 $\Phi(x; \mu, \sigma) = \Phi((x - \mu)/\sigma)$, $\Phi(\cdot)$ 表示标准正态分布的累积分布函数. 我们的目的是估计成功响应概率为 $p = 0.85$ 的有效区间.

开始试验前, 对模型参数有如下猜测 $\mu_g = 8$, $\alpha_g = 20$, $\sigma_g = 3.0$, $\beta_g = 0.25$. 试验的初始区域确定为 $[L, U] = [-1, 20.75]$. 根据自适应双向 MLE 迭代试验设计, 第一次试验的水平 x 为 9.875. 在此处进行试验, 获得的试验结果为 $y_1 = 0, z_1 = 0$. 根据 3.1.2.1 节步骤 (1)(iv), 令 $s = 5.4375$ 并选择下一个试验水平为 $x_2 = 9.875 + 5.4375 = 15.3125$, 观测到的试验结果为 $y_2 = 1, z_2 = 0$. 接着取 $x_3 = 15.3125 + 5.4375 = 20.75$, 获得试验结果为 $y_3 = 1, z_3 = 1$, 进入到步骤 (2). 更新 MinE = 15.3125, MaxNE = 9.875, MinT = 20.75, MaxNT = 15.3125. 因为 MinE > MaxNE 以及 MinT > MaxNT, 信号响应和控制响应的交错区间均不满足. 由于 MinE − MaxNE = 15.3125 − 9.875 > 3.0, 计算参数 MLE $\hat{\mu} = 12.557515$, 并令其为 x_4. 获得试验结果为 $y_4 = 1, z_4 = 0$. 更新 MinE = 12.557515, MaxNE = 9.875, MinT = 20.75, MaxNT = 15.3125. 因为 MinE − MaxNE = 12.557515 − 9.875 ≈ 2.6825 < 3, 令 x_5 和 x_6 分别为 MinE + σ_g = 15.557515 和 MaxNE − σ_g = 6.875, 并令 $\sigma_g = 0.8 \times 3.0 = 2.4$. 获得的试验结果为 $y_5 = 1, z_5 = 0$ 和 $y_6 = 0, z_6 = 0$. 由于 MinE − MaxNE = 12.557515 − 9.875 ≈ 2.6825 > 2.4, 计算 $\hat{\mu} = 11.057049$, 并令其为 x_7. 获得的试验结果为 $y_7 = 1, z_7 = 0$. 更新 MinE = 11.057049, MaxNE = 9.875, MinT = 20.75, MaxNT = 15.557515. 因为 MinE − MaxNE = 11.057049 − 9.875 < 2.4, 设置 x_8 和 x_9 分别为 MinE + σ_g = 13.457049 和 MaxNE − σ_g = 7.475, 并令 $\sigma_g = 0.8 \times 2.4 = 1.92$. 获得的试验结果为 $y_8 = 1, z_8 = 0$ 和 $y_9 = 0, z_9 = 0$. 因为 MinE − MaxNE = 11.057049 − 9.875 < 1.92, 设置 x_{10} 和 x_{11} 分别为 MinE + σ_g = 12.977049 和 MaxNE − σ_g = 7.955, 令 $\sigma_g = 0.8 \times 1.92 = 1.536$. 获得的试验结果为 $y_{10} = 1, z_{10} = 0$ 和 $y_{11} = 0, z_{11} = 0$. 依照上述步骤, 直到第 27 次试验才获得信号响应的交错区间. 接着, 我们转向控制响应的交错区间. 更新 MinE = 10.372539, MaxNE = 10.775192, MinT = 20.75, MaxNT = 15.557515. 因为 MinT − MaxNT = 20.75 − 15.557515 > 0.25, 取 $x_{28} = \hat{\alpha} = 18.153757$ 获得试验结果为 $y_{28} = 1, z_{28} = 1$. 更新 MinE = 10.372539, MaxNE = 10.775192, MinT = 18.153757, MaxNT = 15.557515. 由于 MinT − MaxNT = 18.153757 − 15.557515 > 0.25, 取 $x_{29} = \hat{\alpha} = 16.855728$ 获得试验结果 $y_{29} = 1$, $z_{29} = 0$. 依照上述步骤, 直到第 34 次试验, 在 $x_{34} = 17.756014$ 处获得控制

响应的交错区间. 在步骤 (3) 中, 进行加强交错区间试验的四个试验水平分别为 $x_{35} = 10.5336, x_{36} = 10.61413, x_{37} = 17.856014, x_{38} = 18.303757$. 接下来 x_{39} 到 x_{100} 的试验水平按照自适应双向 MLE 迭代步骤确定.

图 3.3 给出了新提出的两阶段方法获得的试验水平序列以及相应的成功响应概率曲线的估计. 从图 3.3(a), 我们不难发现前 38 个试验水平分散在试验区域中进行探索和寻找交错区间. 接着, x_{39} 到 x_{100} 集中在有效区间左端点和右端点附近收集有效区间的信息. 在图 3.3(b) 中, 新方法获得的近似响应曲线 (绿色的点虚线) 与真实的响应曲线比较接近, 特别是在有效区间的左端点和右端点. 这主要是因为自适应双向 MLE 迭代试验设计的试验序列集中在有效区间的左端点和右端点的局部区域, 获得了足够多的相关信息, 能够在这两个局部区域准确地近似成功响应曲线. 基于 100 次试验数据, 获得的有效区间估计为 $[10.8646, 16.8648]$, 而真实的有效区间为 $[11.0364, 16.9736]$.

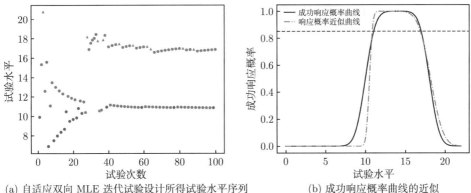

(a) 自适应双向 MLE 迭代试验设计所得试验水平序列   (b) 成功响应概率曲线的近似

图 3.3 　自适应双向 MLE 迭代试验设计结果示例. 圆点代表控制成功, 三角形代表控制失败, 红色代表信号未发生, 绿色代表信号发生

3.1.4 模拟研究

在这一节, 我们将利用模拟仿真的方法来比较自适应双向 MLE 迭代试验设计与局部 D-最优设计估计有效区间的效果. 局部 D-最优设计通过最大化

$$\left| I(\boldsymbol{\theta}; x_1, \cdots, x_n, x_{n+1}) \big|_{\hat{\boldsymbol{\theta}}_n} = -E\left\{ \left(\frac{\partial^2 L(\boldsymbol{\theta})}{\partial \boldsymbol{\theta}_i \partial \boldsymbol{\theta}_j} \right)_{i,j} \right\} \Big|_{\hat{\boldsymbol{\theta}}_n} \right| \tag{3.6}$$

来确定后续试验水平, 其中, $L(\boldsymbol{\theta})$ 是似然函数, $\hat{\boldsymbol{\theta}}_n$ 是基于试验数据获得的参数 $\boldsymbol{\theta} = (\mu, \sigma, \alpha, \beta)$ 的估计值. 众所周知, 局部 D-最优方法非常依赖于参数 $\boldsymbol{\theta}$ 的初始猜测 $\hat{\boldsymbol{\theta}}_0$. 下面, 我们通过一个示例来说明局部 D-最优方法的冷启动问题[①]. 令潜

---

① 冷启动问题指估计结果对试验初始猜测比较敏感

在的真实的响应模型分别为 $\Phi(x; \mu = 10, \sigma = 1)$ 和 $\Phi(x; \alpha = 18, \beta = 1)$. 图 3.4 给出了初始猜测为 $\hat{\boldsymbol{\theta}}_0 = (10.5, 1.5, 17.5, 1.5)$ 的局部 D-最优设计获得的试验水平序列. 从图中, 不难发现, 虽然初始猜测离参数的真实值不是很远, 但是局部 D-最优设计获得的试验水平序列没有针对控制响应的交错区间, 这样的试验被称为无效试验. 无效试验会导致模型参数的 MLE 不存在, 从而不能对有效区间的端点进行有效估计.

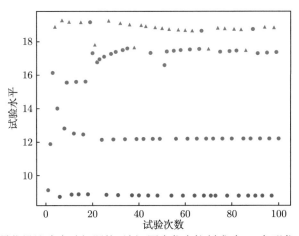

图 3.4   局部 D-最优设计冷启动问题的示例. 圆点代表控制成功, 三角形代表控制失败, 红色代表信号未发生, 绿色代表信号发生

下面利用一个小的模拟试验来验证新提出的方法在解决冷启动问题时的效果. 试验初始参数猜测值取为

$\mu_g = 8, 10, 12;$

$\sigma_g = 0.25, 0.5, 1, 1.5, 2, 3, 4;$

$\alpha_g = 16, 18, 20;$

$\beta_g = 0.25, 0.5, 1, 1.5, 2, 3, 4.$

试验的样本量为 100. 我们定义有效试验为获得交错区间的试验. 在模拟中, 记录了为获得 1000 次有效试验所重复的模拟次数以及每次试验获得交错区间所使用的试验次数. 对于比较大的 σ_g 和 β_g 值, 利用局部 D-最优设计获得交错区间比较困难. 对于较小或者适中的 σ_g 和 β_g 值, 图 3.5 给出获得交错区间所需试验次数的箱线图. 不难发现, 新提的自适应双向 MLE 迭代试验设计对于上述初始猜测在 80 个样本量以内都可以找到交错区间. 然而, 局部 D-最优设计即使对于较好的初始猜测, 依然存在完成 100 样本量仍然没有获得交错区间的情况. 因此, 在样本量比较少的时候, 新的方法对初始试验猜测更加稳健.

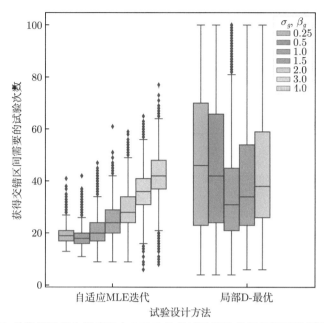

图 3.5 局部 D-最优设计和自适应双向 MLE 迭代试验设计获得交错区间所需试验次数的箱线图

为了公平起见, 我们也同样利用 3.1.2 节提出的第一阶段试验方法作为局部 D-最优设计的初始试验. 因此, 模拟过程中使用的局部 D-最优设计的详细步骤见算法 3.2. 利用局部 D-最优方法获得的试验水平序列示例见图 3.6.

算法 3.2　估计有效区间的局部 D-最优方法

1: 利用 3.1.2 节提出的初始试验方法获得数据交错区间
2: 令 n 表示第一阶段试验使用的样本量
3: 令 N 表示预先设定的总试验样本量
4: **while** $n < N$ **do**
5:　　计算极大似然估计 $\hat{\theta}_n$
6:　　通过最大化 $|I(\theta; x_1, x_2, \cdots, x_n, x_{n+1})|_{\hat{\theta}_n}$ 来选择下一个试验水平 x_{n+1}
7:　　在 x_{n+1} 处进行试验并记录试验结果 (y_{n+1}, z_{n+1})
8:　　令 $n \leftarrow n+1$
9: **end while**
10: 计算极大似然估计 MLE $\hat{\theta}_N$
11: 计算方程 $F(x; \hat{\mu}_N, \hat{\sigma}_N)[1 - G(x; \hat{\alpha}_N, \hat{\beta}_N)] = p$ 的根 $(\tilde{d}^l$ 和 $\tilde{d}^r)$
12: 用 $[\tilde{d}^l, \tilde{d}^r]$ 作为有效区间的估计

从图 3.6 中可以发现, 前 12 个试验水平由第一阶段试验获得 (用于寻找数据

交错区间), 接着 D-最优设计被用来选择后续的试验水平, 其获得的试验水平序列
围绕在四条曲线附近. 基于试验数据, 获得的成功响应概率为 0.85 的有效区间估
计为 [10.7624, 16.99]. 从图 3.6 中我们发现, 局部 D-最优方法通过有效散布试验
水平获得模型参数较为精确的估计, 并基于拟合模型获得有效区间的估计. 显然,
局部 D-最优方法是一种参数估计方法, 其依赖于模型假设. 而我们提出的新方法
是让试验水平序列收敛于有效区间的端点, 是一种非参数的方法, 对于模型假设
具有一定的稳健性.

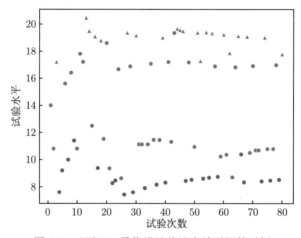

图 3.6   局部 D-最优设计估计有效区间的示例

(1) 自适应双向 MLE 迭代试验设计方法的收敛性仿真研究.

假设 $H(x) = \Phi(x; \mu = 10, \sigma = 1)$, $K(x) = \Phi(x; \alpha = 18, \beta = 1)$. 在这一部分
模拟中, 对 $p = 0.85$ 对应的有效区间进行估计. 在实际应用中, 试验者通常可以
给出位置参数 μ 和 α 的比较合理的猜测, 而对于刻度参数 σ 和 β 的猜测比较广.
因此, 在模拟中关于模型参数的猜测如下所示:

$\mu_g = 8, 10, 12;$

$\sigma_g = 0.25, 0.5, 1, 2, 4;$

$\alpha_g = 16, 18, 20;$

$\beta_g = 0.25, 0.5, 1, 2, 4.$

用基于 1000 次模拟获得的有效区间两个端点的均方误差 (MSE) 评价估计的效
果. 均方误差的计算公式为

$$\text{MSE} = \frac{1}{1000} \sum_{i=1}^{1000} [(\tilde{d}^l - d^l)^2 + (\tilde{d}^r - d^r)^2], \tag{3.7}$$

其中, $N = 40, 50, 60, 70, 80, 90, 100$. 有效区间端点估计的 MSE 结果见图 3.7.

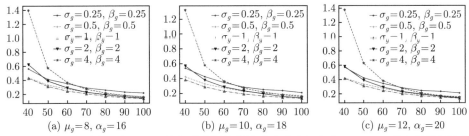

图 3.7 利用自适应双向 MLE 迭代试验设计估计成功响应概率为 $p = 0.85$ 的有效区间的均方误差

当样本量比较小时, 即 $N = 40$, 对于 $\sigma_g = 4$ 和 $\beta_g = 4$ 的情况获得的 MSE 比较大. 这是因为这种情况需要在第一阶段进行更多的试验来获得交错区间. 随着样本量的增加, 估计有效区间的 MSE 越来越小. 当样本量适中或者比较大的时候, 即 $N \geqslant 60$, 新提出的自适应双向 MLE 迭代试验设计对所有的初始猜测都有比较小的 MSE, 这说明了新方法的收敛性.

(2) 自适应双向 MLE 迭代试验设计和局部 D-最优设计的模拟比较.

在这部分模拟中, 除了前面考虑的正态分布, 还将考虑 Logistic 响应模型和对数正态响应模型:

(i) $\quad H(x) = \mathrm{LG}(x; \mu = 10, \sigma = 1), K(x) = \mathrm{LG}(x; \alpha = 18, \beta = 1),$
$$\mathrm{LG}(x; \mu, \sigma) = 1/(1 + \exp\{-(x - \mu)/\sigma\});$$

(ii) $\quad H(x) = \mathrm{Lognormal}(x; \mu = \log(10), \sigma = 0.0993),$
$$K(x) = \mathrm{Lognormal}(x; \alpha = \log(18), \beta = 0.0554).$$

注 在本节的模拟中, 无论真实的概率曲线函数 $H(\cdot)$ 和 $K(\cdot)$ 是什么, 自适应双向 MLE 迭代试验设计和局部 D-最优设计在第二阶段试验过程中均假设对应的概率曲线函数 $F(\cdot)$ 和 $G(\cdot)$ 是正态分布函数.

为了比较研究的需要, 我们令对数正态分布的 $\sigma = 0.0993$ 及 $\beta = 0.0554$, 这样正态分布和对数正态分布具有相同的标准差. 在模拟中, 初始参数猜测与上一节中使用的初始猜测相同. 同时, 我们计算下面的比值来对各方法估计有效区间的效果进行比较

$$r = \frac{\mathrm{MSE}_{\text{D-最优}}}{\mathrm{MSE}_{\text{MLE-迭代}}}. \tag{3.8}$$

显然, 当 r 比 1 大时, 自适应双向 MLE 迭代试验设计表现好, 否则局部 D-最优设计表现好. 关于比值 r 的模拟结果的热力图如图 3.8～图 3.13 所示.

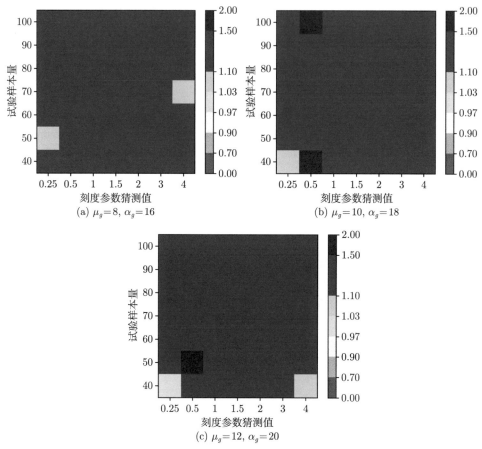

图 3.8　真实响应概率曲线函数为正态分布时, $p = 0.85$ 对应的有效区间估计的均方误差比值

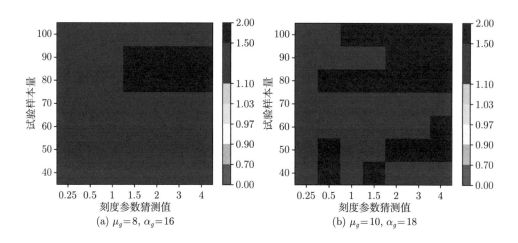

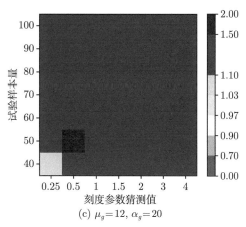

(c) $\mu_g=12$, $\alpha_g=20$

图 3.9 真实响应概率曲线函数为正态分布时, $p=0.9$ 对应的有效区间估计的均方误差比值

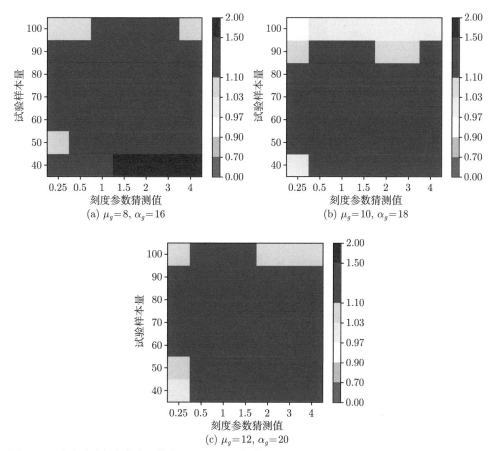

图 3.10 真实响应概率曲线函数为 Logistic 分布时, $p=0.85$ 对应的有效区间估计的均方误差比值

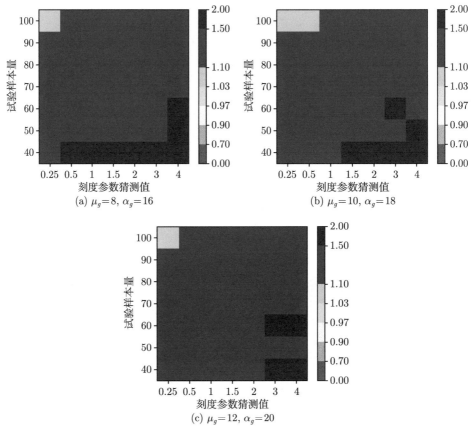

图 3.11   真实响应概率曲线函数为 Logistic 分布时, $p = 0.9$ 对应的有效区间估计的均方误差
比值

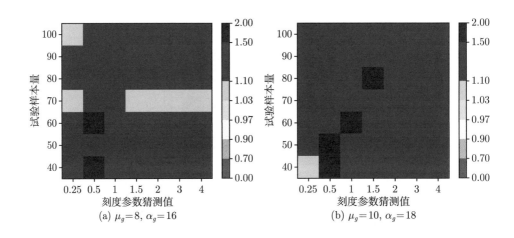

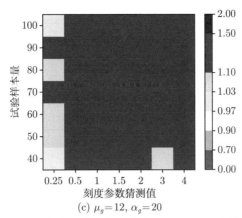

(c) $\mu_g = 12$, $\alpha_g = 20$

图 3.12　真实响应概率曲线函数为对数正态分布时, $p = 0.85$ 对应的有效区间估计的均方误差比值

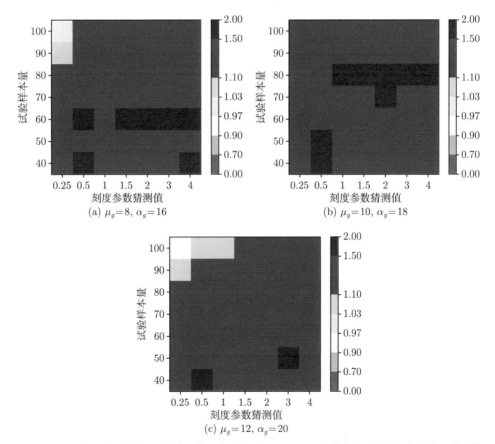

(a) $\mu_g = 8$, $\alpha_g = 16$　　　　　　　　　(b) $\mu_g = 10$, $\alpha_g = 18$

(c) $\mu_g = 12$, $\alpha_g = 20$

图 3.13　真实响应概率曲线函数为对数正态分布时, $p = 0.9$ 对应的有效区间估计的均方误差比值

在图中, 灰色区域是比值 r 介于 0.97 和 1.03 的区域, 表示两种方法没有明显差异. 比值大于 1.03 的有四个颜色, 分别为嫩绿色、蓝色、蓝紫色和紫色, 比值小于 0.97 的有三种颜色, 分别为红色、橙色和黄色. 从这些图中, 我们不难发现新提出的自适应双向 MLE 试验设计大部分优于局部 D-最优设计. 图 3.9 蓝紫色和紫色的方块多于图 3.8, 这说明在真实的响应概率曲线函数为正态分布并且 $p = 0.9$ 时, 新提出的自适应双向 MLE 迭代试验设计表现更好. 当真实的响应概率曲线函数为 Logistic 分布或者对数正态分布函数时, 模拟结果与正态响应概率曲线类似, 见图 3.10~图 3.13.

在这部分的模拟研究中, 我们还记录了在不同初始条件下获得样本量为 100 的试验数据所需要的模拟时间. 对应的 1000 次重复的 CPU 时间的均值和标准差见表 3.1. 从表 3.1 中的结果, 我们很明显地看到局部 D-最优设计使用的 CPU 时间远高于新提出的自适应双向 MLE 迭代试验设计.

表 3.1　生成样本量为 100 的试验数据所使用的 CPU 时间 (秒)

σ_g	β_g	局部 D-最优设计		自适应双向 MLE 迭代试验设计	
		均值	标准差	均值	标准差
0.25	0.25	25.7596	5.6075	0.6877	0.3304
0.50	0.50	27.5715	8.1766	0.6041	0.2887
1.00	1.00	27.4644	6.9093	0.5099	0.2579
1.50	1.50	21.8173	5.0263	0.4470	0.2449
2.00	2.00	31.0112	8.4615	0.4123	0.2406
3.00	3.00	27.8820	8.5570	0.3556	0.2333
4.00	4.00	23.9374	8.8341	0.3188	0.2221

(3) 自适应双向 MLE 迭代试验设计的效率.

在实际应用中, 试验者经常根据经验选择一些等间距的间隙长度进行试验, 我们称这样的试验设计为固定试验设计. 下面, 我们将利用模拟研究的方法对自适应双向 MLE 迭代试验设计的效率提升特性进行评价.

根据文献 [22], 基于实际间隙零门试验数据获得的模型及相关参数估计为

$$\Psi_{10}(x) = \Phi\left(\frac{x - 1.29298}{0.03947}\right)\left[1 - \Phi\left(\frac{x - 2.21667}{0.13861}\right)\right], \tag{3.9}$$

对应的成功响应概率曲线见图 3.2 中的黑色实线. 将此模型及对应的参数估计作为模拟仿真的真实模型, 按照固定设计和自适应双向 MLE 迭代试验设计分别产

生仿真试验数据, 对模型参数进行估计获得拟合模型, 并与真实模型进行对照. 对于固定设计, 相应的间隙长度见表 3.2, 这与文献 [22] 采用的间隙长度一致.

表 3.2   固定设计间隙长度和对应的样本量

间隙长度	样本量	间隙长度	样本量
1.25	14	2.15	5
1.30	2	2.2	5
1.35	14	2.25	5
1.40	2	2.3	5
1.45	2	2.35	13
2.0	5	2.4	5
2.05	13	2.45	5
2.1	5		

模拟比较 $p = 0.9$ 和 $p = 0.95$ 对应的有效区间估计. 特别注意, 固定设计样本量为 100, 新提出的两阶段序贯设计采用的样本量分别为 60, 80, 90, 100. 首先, 我们考虑自适应双向 MLE 迭代试验设计针对相对较好的初始猜测时的表现, 即取 $\mu_g = 1.29298, \sigma_g = 0.03947, \alpha_g = 2.21667$ 及 $\beta_g = 0.13861$. 两种方法 1000 次重复获得的有效区间估计均方误差的箱线图见图 3.14. 图 3.14(a) 是成功响应概率为 $p = 0.9$ 的结果, 图 3.14(b) 提供了成功响应概率为 $p = 0.95$ 的结果. 从这两个子图中, 我们不难发现, 新提出的自适应双向 MLE 迭代试验设计的箱线图具有更小的中位数和更窄的箱形, 这说明自适应双向 MLE 迭代试验设计估计有效区间的效果更好. 图 3.14 的 (a) 和 (b) 均显示自适应双向 MLE 迭代试验设计用 60% 的样本量就可以获得与跟固定设计一样的估计效果, 也就是说新提出的方法在样本量较小的情形依然提升了估计的效率, 从而有效降低了试验的成本.

为了进一步验证自适应 MLE 迭代方法对试验初始猜测稳定, 除了上面使用的初始猜测 (记为 CASE I), 我们还考虑了下面两种相对比较差的初始猜测, 即初始猜测远离真实参数值, 即 $\Phi(x; \mu = 1.29298, \sigma = 0.03947)$ 和 $\Phi(x; \alpha = 2.21667, \beta = 0.13861)$:

CASE II: $\mu_g = 1, \sigma_g = 0.1, \alpha_g = 2, \beta_g = 0.3$;

CASE III: $\mu_g = 2, \sigma_g = 0.1, \alpha_g = 3.5, \beta_g = 0.3$.

对应 $p = 0.9$ 和 $p = 0.95$ 的有效区间估计误差结果的箱线图见图 3.15. 从图 3.15 中, 我们不难发现, 在三种初始猜测情况下, 自适应双向 MLE 迭代试验设计仅仅用 60% 的样本量就可以获得和固定设计类似的结果.

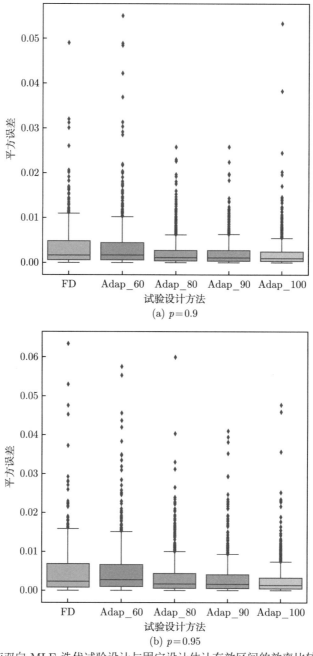

(a) p=0.9

(b) p=0.95

图 3.14　自适应双向 MLE 迭代试验设计与固定设计估计有效区间的效率比较. FD 表示样本量为 100 的固定设计. Adap_60, Adap_80, Adap_90 和 Adap_100 分别表示样本量分别为 60, 80, 90 和 100 的自适应双向 MLE 迭代试验设计

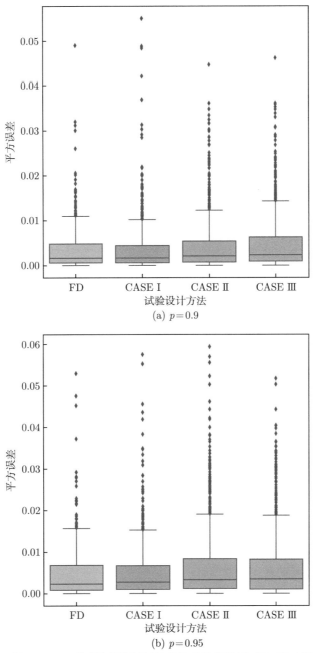

(a) $p=0.9$

(b) $p=0.95$

图 3.15 $p = 0.9$ 和 $p = 0.95$ 对应的有效区间的估计误差箱线图. FD 表示样本量为 100 的固定设计, CASE I, CASE II 和 CASE III 分别表示不同初始猜测条件下样本量为 60 的自适应双向 MLE 迭代试验设计

3.2　针对混合响应的优化试验设计

在敏感性试验设计的应用中, 经常会遇到这样的问题: 试验样品存在一固有的潜在变量, 当试验施加的刺激水平大于样品的潜在变量时, 试验结果为响应, 同时产生一维连续输出 (用一维连续随机变量表示) , 否则试验结果为不响应. 例如, 用于打开太阳能帆板的火工控制系统, 给该火工系统施加一定的电压, 系统响应并输出一定的能量打开太阳能帆板. 在这类系统的设计中, 一个重要的问题是: 设计有效试验, 推断以概率 p 发生响应且连续输出落在预定范围的刺激水平. 我们称这样的刺激水平为响应概率曲线函数的广义分位数 ζ_p.

在本节中, 我们首先考虑相对简单的情况, 即连续输出变量不依赖于试验刺激水平. 针对连续输出依赖于试验刺激水平的情况将会在后续的章节中进行阐述. 此时, 刺激-混合响应问题可以用下面数学公式来描述. 令随机变量 X 表示潜在变量, 它的分布为 $N(\mu, \sigma^2)$, x 表示试验刺激水平, D_x 表示二元试验结果 (响应或者不响应) , T_x 表示连续输出, 则

$$D_x = I_{\{x \geqslant X\}},$$

$$T_x = E_x I_{\{x \geqslant X\}},$$

其中 E_x 服从正态分布 $N(\eta, \gamma^2)$. 广义分位数 ζ_p 被定义为满足下式的试验水平

$$P(X \leqslant \zeta_p)P(R_L \leqslant T_{\zeta_p} \leqslant R_U) = p, \tag{3.10}$$

其中 $[R_L, R_U]$ 是预先设定的连续输出范围. 本节, 我们首先介绍估计广义分位数 ζ_p 的优化试验设计. 然后, 给出广义分位数 ζ_p 估计的收敛性质. 最后, 用模拟的办法验证优化试验设计估计广义分位数的效果, 并将新方法应用于估计卫星火工控制系统的广义分位数 $\zeta_{0.99}$.

3.2.1　估计广义分位数的优化试验设计

3.2.1.1　模型参数的极大似然估计

令 $\{(x_1, d_1, t_1), \cdots, (x_n, d_n, t_n)\}$ 为已经观测到的试验数据, 其中 x_i 是第 i 次试验的刺激水平, d_i 是第 i 次试验的二元结果, t_i 是第 i 次试验的连续输出. 根据前面介绍的模型, 基于试验数据 $\{(x_1, d_1, t_1), \cdots, (x_n, d_n, t_n)\}$ 的对数似然函数为

$$l(\mu, \sigma, \eta, \gamma) \propto \sum_{i=1}^{n} \left\{ d_i \left[\ln(q_i) - \ln(\gamma) + \ln\left(\phi\left(\frac{t_i - \eta}{\gamma} \right) \right) \right] + (1 - d_i)\ln(1 - q_i) \right\},$$

$$\tag{3.11}$$

其中 $q_i = \Phi\left(\dfrac{x_i - \mu}{\sigma}\right)$ 是在刺激水平 x_i 下二元试验结果为响应的概率, $\Phi(\cdot)$ 是标准正态分布函数, $\phi(\cdot)$ 是标准正态密度函数. 将 (3.11) 分别对 μ, σ, η 和 γ 求偏导, 获得

$$
\begin{aligned}
\frac{\partial l(\mu,\sigma,\eta,\gamma)}{\partial \mu} &= \frac{\partial}{\partial \mu}\sum_{i=1}^{n}[d_i\ln(q_i) + (1-d_i)\ln(1-q_i)] \\
&= \sum_{i=1}^{n}\left[-\frac{1}{\sigma}\frac{d_i\phi\left(\dfrac{x_i-\mu}{\sigma}\right)}{q_i} + \frac{1}{\sigma}\frac{(1-d_i)\phi\left(\dfrac{x_i-\mu}{\sigma}\right)}{1-q_i}\right], \\
\frac{\partial l(\mu,\sigma,\eta,\gamma)}{\partial \sigma} &= \frac{\partial}{\partial \sigma}\sum_{i=1}^{n}[d_i\ln(q_i) + (1-d_i)\ln(1-q_i)] \\
&= \sum_{i=1}^{n}\left[-\frac{x_i-\mu}{\sigma^2}\frac{d_i\phi\left(\dfrac{x_i-\mu}{\sigma}\right)}{q_i} + \frac{x_i-\mu}{\sigma^2}\frac{(1-d_i)\phi\left(\dfrac{x_i-\mu}{\sigma}\right)}{1-q_i}\right], \\
\frac{\partial l(\mu,\sigma,\eta,\gamma)}{\partial \eta} &= \frac{\partial}{\partial \eta}\sum_{i=1}^{n}d_i\left[-\ln(\gamma) + \ln\phi\left(\frac{t_i-\eta}{\gamma}\right)\right] \\
&= \sum_{i=1}^{n}d_i\frac{t_i-\eta}{\gamma^2}, \\
\frac{\partial l(\mu,\sigma,\eta,\gamma)}{\partial \gamma} &= \frac{\partial}{\partial \gamma}\sum_{i=1}^{n}d_i\left[-\ln(\gamma) + \ln\phi\left(\frac{t_i-\eta}{\gamma}\right)\right] \\
&= \sum_{i=1}^{n}d_i\left[-\frac{1}{\gamma} + \frac{(t_i-\eta)^2}{\gamma^3}\right].
\end{aligned}
$$

$$(3.12)$$

参数 (μ,σ) 的极大似然估计 $(\hat{\mu},\hat{\sigma})$ 是通过求解 (3.12) 的前两个表达式的零点获得. 根据文献 [1, 14], 参数 (μ,σ) 的极大似然估计存在唯一的充要条件是试验数据包含交错区间. 利用数值计算方法求解上述非线性方程组可以获得参数 (μ,σ) 的极大似然估计. 注意, (3.12) 的后两个表达式可以写成是 η 和 γ 的线性函数. 求解它们的零点, 获得

$$
\hat{\eta} = \frac{1}{\sharp\{d_i=1\}}\sum_{i=1}^{n}d_it_i,
$$

$$\hat{\gamma} = \left[\frac{1}{\sharp\{d_i = 1\}} \sum_{d_i=1} d_i(t_i - \hat{\eta})^2 \right]^{1/2}, \tag{3.13}$$

其中 $\sharp\{d_i = 1\}$ 代表二元试验结果 $d_1, \cdots, d_n$ 中出现 1 的次数. 借鉴 3pod[10] 的思想, 这里同样采用分阶段优化试验的策略, 提出一种两阶段优化序贯试验设计方法: 由于 Sen-Test 方法较简单, 第一阶段用 Sen-Test 方法进行试验设计, 获得模型参数的极大似然估计; 第二阶段针对刺激-混合响应问题, 对 RMJ 方法[11] 进行推广. 本书中将该方法称为两阶段自适应 D-RMJ 设计 (AdaD-RMJ).

3.2.1.2 两阶段自适应 D-RMJ 试验设计

本节将详细叙述估计广义分位数 ζ_p 的自适应 RMJ 试验设计. 所提方法包含两个阶段: 第一阶段试验旨在获得参数 μ, σ, η 和 γ 的一个好的估计. 这些估计值为第二阶段的随机逼近方法提供较好的初始试验刺激水平.

从前面的假设很容易知道, 在试验结果为响应的条件下, 连续输出 t_i 服从正态分布 $N(\eta, \gamma^2)$. 基于试验数据, (3.13) 给出了参数 η 和 γ 的极大似然估计. 但是, 估计参数 μ 和 σ 需要试验数据中包含丰富的响应和不响应信息. 在第 2 章的模拟研究中发现, Sen-Test 的估计效果远优于 D-最优. 因此, 在第一阶段试验中, 我们借鉴文献 [7] 的思想, 用 Sen-Test 方法设置试验刺激水平.

使用 Sen-Test 进行试验, 需要试验人员给出参数 μ 的范围 $[\mu_L, \mu_U]$ 和参数 σ 的猜测值 σ_g. 第一阶段的试验包含三个部分: 生成响应 ($d = 1$) 和不响应 ($d = 0$) 数据, 快速确定试验范围; 寻找交错区间, 使得参数 μ 和 σ 的极大似然估计存在; 选择新的试验刺激水平, 使得关于 μ 和 σ 的 Fisher 信息矩阵的行列式在 $(\hat{\mu}_n, \hat{\sigma}_n)$ 达到最大. 具体步骤如下.

第一部分试验: (1) 设置 $x_1 = (\mu_L + \mu_U)/2$; (2) 若在 x_1 处的试验结果为响应, 即 $d_1 = 1$, 则第二次试验水平取为 $x_2 = \min\{(\mu_L + x_1)/2, x_1 - 2\sigma_g\}$; 若 $d_1 = 0$, 则第二次试验水平取为 $x_2 = \max\{(\mu_U + x_1)/2, x_1 + 2\sigma_g\}$; (3) 若前 i ($i \geqslant 2$) 次试验的结果都是响应, 则第 $i + 1$ 次试验的刺激水平 x_{i+1} 取为

$$x_{i+1} = \min\{(\mu_L + \text{MinS})/2, \text{MinS} - 2\sigma_g, 2\text{MinS} - \text{MaxS}\},$$

其中 $\text{MinS} = \min\{x_1, \cdots, x_i\}$, $\text{MaxS} = \max\{x_1, \cdots, x_i\}$. 类似, 若前 i ($i \geqslant 2$) 次试验的结果都是不响应, 第 $i + 1$ 次试验水平取为

$$x_{i+1} = \max\{(\mu_U + \text{MaxS})/2, \text{MaxS} + 2\sigma_g, 2\text{MaxS} - \text{MinS}\};$$

(4) 若前 i ($i \geqslant 2$) 次试验中, 有两种试验结果 (响应和不响应) 出现, 则计算 Max0 和 MinX, 其中 Max0 为试验结果为不响应 ($d_i = 0$) 的最大试验水平, MinX 为

试验结果为响应 ($d_i = 1$) 的最小试验水平. 计算 MinX 和 Max0 之间的差别,
记为 Diff = MinX – Max0. 若 Diff $\geqslant \sigma_g$, 继续第一部分的试验, 取 $x_{i+1} =$
(Max0 + MinX)/2; (5) 重复第 (4) 步的试验, 直到 Diff $< \sigma_g$, 停止第一部分的试
验; (6) 如果试验数据已经存在交错区间, 则跳过第二部分的试验, 继续第三部分
的试验. 否则继续进行第二部分的试验.

第二部分试验: (1) 利用已有的全部试验数据 $(x_1, d_1), \cdots, (x_n, d_n)$, 计算 MinX
和 Max0, 令 μ 的估计为 $\hat{\mu}_n =$ (MinX + Max0)/2, σ 的估计为 $\hat{\sigma}_n = \sigma_{n,g}$. 这里
的 $\sigma_{n,g}$ 指的是第 n 次试验中对 σ 的猜测. 若该步骤是第二部分的第一次试验, 令
$\sigma_{n,g} = \sigma_g$; (2) 选择新的试验刺激水平 x_{n+1}, 使得在刺激水平 $x_1, x_2, \cdots, x_n, x_{n+1}$
处进行试验时, Fisher 信息矩阵的行列式在 $(\hat{\mu}_n, \hat{\sigma}_n)$ 处达到最大. 同时, 更新对 σ
的猜测, 即 $\sigma_{n+1,g} = 0.8\sigma_{n,g}$. 更新 MinX 和 Max0. 如果数据出现交错区间, 则进
入第三部分试验. 如果 MinX–Max0 $\geqslant \sigma_{n+1,g}$, 则回到第一部分试验的步骤 (4).
如果 $0 <$ MinX – Max0 $< \sigma_{n+1,g}$, 则继续进行第二部分试验.

第三部分试验: 利用已有的全部试验数据 $(x_1, d_1), \cdots, (x_n, d_n)$, 计算参数 μ
和 σ 的极大似然估计 $\hat{\mu}_n$ 和 $\hat{\sigma}_n$; 选择新的试验刺激水平 x_{n+1}, 使得在试验水平
$x_1, x_2, \cdots, x_n, x_{n+1}$ 处进行试验时, Fisher 信息矩阵的行列式在 $(\hat{\mu}_n, \hat{\sigma}_n)$ 处达到
最大; 重复上述两个步骤, 直到完成预定样本量的试验.

在第一阶段试验过程中, 同时记录试验的连续输出 t_i. 当完成预先设定的第
一阶段试验样本量 m 时, 进入第二阶段的试验. 基于第一阶段的试验数据 $\{(x_1, d_1, t_1), \cdots, (x_m, d_m, t_m)\}$, 根据上一节所述办法计算参数的极大似然估计 $\hat{\mu}_m,$
$\hat{\sigma}_m, \hat{\eta}_m, \hat{\gamma}_m$, 并计算

$$\tilde{p}_1 = p \left/ \left[\Phi \left(\frac{R_U - \hat{\eta}_m}{\hat{\gamma}_m} \right) - \Phi \left(\frac{R_L - \hat{\eta}_m}{\hat{\gamma}_m} \right) \right] \right.$$

令第二阶段的第一次试验水平为 $x_1^{(2)} = \hat{\mu}_m + \hat{\sigma}_m \Phi^{-1}(\tilde{p}_1)$. 选择广义分位数 ζ_p
的先验分布为 $N(x_1^{(2)}, \tau_1^2)$, 其中 τ_1 的选择与文献 [11] 相同, 即 $\tau_1 = \dfrac{c}{\Phi^{-1}(0.975)}$,
其中 c 经常取为 5. 利用推广的优化随机逼近方法设置试验水平, 即

$$x_{i+1}^{(2)} = x_i^{(2)} - a_i(\tilde{p}_i)(d_i^{(2)} - b_i(\tilde{p}_i)), \quad i \geqslant 1, \tag{3.14}$$

其中 $\{a_i(\tilde{p}_i)\}$ 和 $\{b_i(\tilde{p}_i)\}$ 是依赖于 $\tilde{p}_i$ 的两个随机序列, $x_i^{(2)}$ 是第二阶段第 i 次试
验的水平, $d_i^{(2)}$ 是相应的二元试验结果, $\tilde{p}_i$ 在 (3.15) 给出.

因为 $a_i(\tilde{p}_i)$ 和 $b_i(\tilde{p}_i)$ 依赖于 $\tilde{p}_i$, 所以每次试验迭代前, 需要基于现有的全部
试验数据 $\{(x_1, d_1, t_1), \cdots, (x_m, d_m, t_m), (x_1^{(2)}, d_1^{(2)}, t_1^{(2)}), \cdots, (x_i^{(2)}, d_i^{(2)}, t_i^{(2)})\}$, 更新

η 和 γ 的极大似然估计, 记为 $\hat{\eta}_i^{(2)}$, $\hat{\gamma}_i^{(2)}$ ($\hat{\eta}_0^{(2)} = \hat{\eta}_m$, $\hat{\gamma}_0^{(2)} = \hat{\gamma}_m$). 更新

$$\tilde{p}_i = p \left/ \left[\Phi \left(\frac{R_U - \hat{\eta}_{i-1}^{(2)}}{\hat{\gamma}_{i-1}^{(2)}} \right) - \Phi \left(\frac{R_L - \hat{\eta}_{i-1}^{(2)}}{\hat{\gamma}_{i-1}^{(2)}} \right) \right] \right. . \tag{3.15}$$

然后, 依据文献 [11], 有

$$a_i(\tilde{p}_i) = \frac{1}{b_i(\tilde{p}_i)(1 - b_i(\tilde{p}_i))} \frac{\delta \tau_i^2}{(1 + \delta^2 \tau_i^2)^{1/2}} \phi \left\{ \frac{\Phi^{-1}(\tilde{p}_i)}{(1 + \delta^2 \tau_i^2)^{1/2}} \right\},$$

$$b_i(\tilde{p}_i) = \Phi \left\{ \frac{\Phi^{-1}(\tilde{p}_i)}{(1 + \delta^2 \tau_i^2)^{1/2}} \right\},$$

$$\tau_{i+1}^2 = \tau_i^2 - b_i(\tilde{p}_i)(1 - b_i(\tilde{p}_i)) a_i^2(\tilde{p}_i), \quad i \geqslant 1, \tag{3.16}$$

其中 $\delta = 1/\hat{\sigma}_m$.

当第二阶段的试验完成预定的样本量 N 时, 用 $x_{N+1}^{(2)}$ 估计广义分位数 ζ_p. 注意, (3.14) 给出的优化随机逼近方法与 RMJ[11] 不同: 在 RMJ 中, $\{a_i\}$ 和 $\{b_i\}$ 是两个常数序列, 而 (3.14) 中的 $\{a_i\}$ 和 $\{b_i\}$ 是两个依赖 $\tilde{p}_i$ 的随机序列. 因此, 需要重新考量 $x_{n+1}^{(2)}$ 的收敛性质.

定理 3.2

按照 (3.14)~(3.16) 给出的随机逼近方法设置试验水平, 有 $x_N^{(2)} \xrightarrow{p} \zeta_p$.

在证明定理 3.2 前, 先介绍一个引理. 首先, 将文献 [11] 的收敛结果推广到一般的随机逼近过程

$$x_{n+1} = x_n - a_n(\tilde{p}_n)(d_n - b_n(\tilde{p}_n)), \tag{3.17}$$

其中 $a_n(\tilde{p}_n)$ 和 $b_n(\tilde{p}_n)$ 是随机序列, d_n 是相应的二元试验结果, $E(d_n|x_n) = \Phi((x_n - \mu)/\sigma)$. 并且, 允许 $a_n(\tilde{p}_n)$, $b_n(\tilde{p}_n)$ 和 x_n 依赖于前面的 $n-1$ 次试验结果.

引理 3.2

如果以下条件成立:

(1) 存在正的常数序列 $\{e_n\}$, 满足 $a_n(\tilde{p}_n) \geqslant e_n$ 对 $n \geqslant m$ 成立, 并且 $\sum_{n=1}^{\infty} e_n = \infty$, 其中 m 是一个正整数.

(2) $\sum_{n=1}^{\infty} E a_n^2(\tilde{p}_n) < \infty$.

(3) $\sum_{n=2}^{\infty} E \left\{ a_n(\tilde{p}_n) \left| b_n(\tilde{p}_n) - \eta \left| \sum_{j=1}^{n-1} a_j(\tilde{p}_j) \right| \right\} < \infty, \quad 0 < \eta < 1.$

则有 $x_n - \theta \xrightarrow{p} 0$, 其中 $\theta = \mu + \sigma \Phi^{-1}(\hat{p})$, $q = p \left/ \left[\Phi \left(\dfrac{R_U - \eta}{\gamma} \right) - \right. \right.$

$$\Phi\left(\frac{R_L - \eta}{\gamma}\right)\Big].$$

要证明定理 3.2, 只需要验证 (3.14)~(3.10) 给出的随机逼近方法选择的 $\{a_n(p_n)\}$ 和 $\{b_n(\tilde{p}_n)\}$ 满足引理 3.2 的三个条件.

证明 从 (3.14), 获得

$$x_{n+1}^{(2)} = x_n^{(2)} - \frac{\kappa_n}{\delta b_n(\tilde{p}_n)(1 - b_n(\tilde{p}_n))}(d_n^{(2)} - b_n(\tilde{p}_n)), \tag{3.18}$$

其中

$$\kappa_n = \frac{c_n}{(1+c_n)^{1/2}}\phi\left\{\frac{\Phi^{-1}(\tilde{p}_n)}{(1+c_n)^{1/2}}\right\}, \qquad b_n(\tilde{p}_n) = \Phi\left\{\frac{\Phi^{-1}(\tilde{p}_n)}{(1+c_n)^{1/2}}\right\},$$

$$c_{n+1} = c_n - \frac{\kappa_n^2}{b_n(\tilde{p}_n)(1 - b_n(\tilde{p}_n))}, \qquad c_1 = \delta^2\tau_1^2, \tag{3.19}$$

$\tilde{p}_n$ 在 (3.15) 中给出. 从 (3.19), 可以得到

$$c_{n+1} = c_n - \frac{c_n^2}{1+c_n}I\left\{\frac{\Phi^{-1}(\tilde{p}_n)}{(1+c_n)^{1/2}}\right\}, \tag{3.20}$$

其中 $I(u) = \phi^2(u)/[\Phi(u)\{1 - \Phi(u)\}]$. 因为 $0 < I(u) \leqslant 2/\pi$, $c_1 = \delta^2\tau_1^2 > 0$, 所以结合 (3.20) 可以得到

$$c_{n+1} = c_n - \frac{c_n^2}{1+c_n}I\left\{\frac{\Phi^{-1}(\tilde{p}_n)}{(1+c_n)^{1/2}}\right\} = c_n\left[1 - \frac{c_n}{1+c_n}I\left\{\frac{\Phi^{-1}(\tilde{p}_n)}{(1+c_n)^{1/2}}\right\}\right] > 0,$$

$$c_{n+1} \leqslant c_n, \quad n \geqslant 1.$$

因此序列 $\{c_n\}$ 几乎处处收敛. 令

$$h(c_n) = c_n - \frac{c_n^2}{1+c_n}I\left\{\frac{\Phi^{-1}(q)}{(1+c_n)^{1/2}}\right\},$$

其中

$$q = p\Big/\left[\Phi\left(\frac{b-\eta}{\gamma}\right) - \Phi\left(\frac{a-\eta}{\gamma}\right)\right].$$

因为 $\tilde{p}_n \to q$ a.s., 对 (3.20) 取极限意味着 $c = \lim c_n$ 几乎处处满足 $c = h(c)$, 并且 $c = 0$ 几乎处处是它唯一的根. 由 (3.15) 可以获得

$$b_n(\tilde{p}_n) = \Phi\left\{\frac{\Phi^{-1}(\tilde{p}_n)}{(1+c_n)^{1/2}}\right\} \longrightarrow \Phi\{\Phi^{-1}(q)\} = q, \qquad \text{a.s.}$$

及

$$\kappa_n = \frac{c_n}{(1+c_n)^{1/2}} \phi \left\{ \frac{\Phi^{-1}(\tilde{p}_n)}{(1+c_n)^{1/2}} \right\} \longrightarrow 0, \qquad \text{a.s..}$$

下面通过将 $\tilde{p}_n$ 截断在 $[k, l]$ $(k > 0.5)$, 构造两个常数序列:

$$\kappa_n^{**} = \frac{c_n^{**}}{(1+c_n^{**})^{1/2}} \phi \left\{ \frac{\Phi^{-1}(l)}{(1+c_n^{**})^{1/2}} \right\}, \qquad b_n(\tilde{p}_n)^{**} = \Phi \left\{ \frac{\Phi^{-1}(l)}{(1+c_n^{**})^{1/2}} \right\},$$

$$c_{n+1}^{**} = c_n^{**} - \frac{(\kappa_n^{**})^2}{b_n(\tilde{p}_n)^{**}(1 - b_n(\tilde{p}_n)^{**})}, \qquad n \geqslant 1, \qquad c_1^{**} = \delta^2 \tau_1^2$$

和

$$\kappa_n^{*} = \frac{c_n^{*}}{(1+c_n^{*})^{1/2}} \phi \left\{ \frac{\Phi^{-1}(k)}{(1+c_n^{*})^{1/2}} \right\}, \qquad b_n(\tilde{p}_n)^{*} = \Phi \left\{ \frac{\Phi^{-1}(k)}{(1+c_n^{*})^{1/2}} \right\},$$

$$c_{n+1}^{*} = c_n^{*} - \frac{(\kappa_n^{*})^2}{b_n(\tilde{p}_n)^{*}(1 - b_n(\tilde{p}_n)^{*})}, \qquad n \geqslant 1, \qquad c_1^{*} = \delta^2 \tau_1^2.$$

根据文献 [11], 对于常数 k 和 l, 存在整数 $\tilde{n}^*$, $\tilde{n}^{**}$ 和常数 $c_*', c_{**}', c_*'' \leqslant 1, c_{**}'' \leqslant 1$, 满足对 $n \geqslant \tilde{n}^*$, 有

$$\frac{c_*''}{n} \leqslant c_n^* \leqslant \frac{c_*'}{n} \tag{3.21}$$

成立, 以及对 $n \geqslant \tilde{n}^{**}$

$$\frac{c_{**}''}{n} \leqslant c_n^{**} \leqslant \frac{c_{**}'}{n} \tag{3.22}$$

成立.

令

$$f(x) = x - \frac{x^2}{1+x} I \left\{ \frac{y}{(1+x)^{1/2}} \right\}.$$

很容易验证: 给定 $y > 0$, $f(x)$ 单调增; 给定 $u > 0$, $I(u)$ 单调减. 不等式

$$x - \frac{x^2}{1+x} I \left\{ \frac{\Phi^{-1}(k)}{(1+x)^{1/2}} \right\} \leqslant x - \frac{x^2}{1+x} I \left\{ \frac{\Phi^{-1}(\tilde{p}_n)}{(1+x)^{1/2}} \right\} \leqslant x - \frac{x^2}{1+x} I \left\{ \frac{\Phi^{-1}(l)}{(1+x)^{1/2}} \right\}$$

意味着

$$c_2^* \leqslant c_2 \leqslant c_2^{**}.$$

因此,

$$c_2^* - \frac{(c_2^*)^2}{1+c_2^*} I \left\{ \frac{\Phi^{-1}(\tilde{p}_n)}{(1+c_2^*)^{1/2}} \right\} \leqslant c_2 - \frac{(c_2)^2}{1+c_2} I \left\{ \frac{\Phi^{-1}(\tilde{p}_n)}{(1+c_2)^{1/2}} \right\}$$

$$\leqslant c_2^{**} - \frac{(c_2^{**})^2}{1 + c_2^{**}} I\left\{ \frac{\Phi^{-1}(\tilde{p}_n)}{(1 + c_2^{**})^{1/2}} \right\}.$$

同理,

$$c_3^* = c_2^* - \frac{(c_2^*)^2}{1 + c_2^*} I\left\{ \frac{\Phi^{-1}(k)}{(1 + c_2^*)^{1/2}} \right\} \leqslant c_2^* - \frac{(c_2^*)^2}{1 + c_2^*} I\left\{ \frac{\Phi^{-1}(\tilde{p}_n)}{(1 + c_2^*)^{1/2}} \right\}$$

$$\leqslant c_3 = c_2 - \frac{(c_2)^2}{1 + c_2} I\left\{ \frac{\Phi^{-1}(\tilde{p}_n)}{(1 + c_2)^{1/2}} \right\} \leqslant c_2^{**} - \frac{(c_2^{**})^2}{1 + c_2^{**}} I\left\{ \frac{\Phi^{-1}(\tilde{p}_n)}{(1 + c_2^{**})^{1/2}} \right\}$$

$$\leqslant c_3^{**} = c_2^{**} - \frac{(c_2^{**})^2}{1 + c_2^{**}} I\left\{ \frac{\Phi^{-1}(l)}{(1 + c_2^{**})^{1/2}} \right\}.$$

根据数学归纳法, 可以获得

$$c_n^* \leqslant c_n \leqslant c_n^{**}, \qquad n \geqslant 1. \tag{3.23}$$

从 (3.21)~(3.23) 可知, 存在一个正整数 $\tilde{n}$ 和常数 c', c'', 满足对 $n \geqslant \tilde{n}$,

$$\frac{c''}{n} \leqslant c_n \leqslant \frac{c'}{n}$$

成立. 因此, 根据 $k \leqslant \tilde{p}_n \leqslant l$, 可以得到对所有的 $n \geqslant \tilde{n}$ 有

$$a_n(\tilde{p}_n) = \frac{c_n}{\delta(1 + c_n)^{1/2}} \frac{\phi\{\Phi^{-1}(\tilde{p}_n)/(1 + c_n)^{1/2}\}}{\Phi\{\Phi^{-1}(\tilde{p}_n)/(1 + c_n)^{1/2}\}[1 - \Phi\{\Phi^{-1}(\tilde{p}_n)/(1 + c_n)^{1/2}\}]}$$

$$\leqslant \frac{c'/n}{\delta(1 + c'/n)^{1/2}} \frac{1/\sqrt{2\pi}}{\Phi\{\Phi^{-1}(l)\}[1 - \Phi\{\Phi^{-1}(l)\}]}$$

$$= \frac{c'}{\delta(n^2 + nc')^{1/2}} \frac{1/\sqrt{2\pi}}{\Phi\{\Phi^{-1}(l)\}[1 - \Phi\{\Phi^{-1}(l)\}]} \leqslant \frac{c'}{\sqrt{2\pi}l(1 - l)\delta n}$$

和

$$a_n(\tilde{p}_n) = \frac{c_n}{\delta(1 + c_n)^{1/2}} \frac{\phi\{\Phi^{-1}(\tilde{p}_n)/(1 + c_n)^{1/2}\}}{\Phi\{\Phi^{-1}(\tilde{p}_n)/(1 + c_n)^{1/2}\}[1 - \Phi\{\Phi^{-1}(\tilde{p}_n)/(1 + c_n)^{1/2}\}]}$$

$$\geqslant \frac{c''/n}{\delta(1 + c''/n)^{1/2}} \frac{\phi\{\Phi^{-1}(\tilde{p}_n)\}}{(1/2) \cdot (1/2)} \geqslant \frac{4c''\phi\{\Phi^{-1}(l)\}}{\delta(n^2 + nc'')^{1/2}} \geqslant \frac{4c''\phi\{\Phi^{-1}(l)\}}{\delta(n + 1)}.$$

因此, 随机序列 $\{a_n(\tilde{p}_n)\}$ 满足

$$\sum_{n=1}^{\infty} E a_n^2(\tilde{p}_n) < \infty, \qquad \sum_{j=1}^{n-1} a_j(\tilde{p}_n) = O(\log n). \tag{3.24}$$

令 $e_n = \dfrac{4c''\phi\{\Phi^{-1}(l)\}}{\delta(n+1)}$，则

$$a_n(\tilde{p}_n) \geqslant e_n, \qquad n \geqslant \tilde{n}, \qquad \sum_{n=1}^{\infty} e_n = \infty. \tag{3.25}$$

使用 Taylor 展开, 可以得到

$$b_n(\tilde{p}_n) = \Phi\left\{\frac{\Phi^{-1}(\tilde{p}_n)}{(1+c_n)^{1/2}}\right\} = \tilde{p}_n - c_n \frac{\Phi^{-1}(\tilde{p}_n)}{2}\phi\{\Phi^{-1}(\tilde{p}_n)\} + O(c_n^2).$$

因此,

$$b_n(\tilde{p}_n) - q = \Phi\left\{\frac{\Phi^{-1}(\tilde{p}_n)}{(1+c_n)^{1/2}}\right\} - q = \tilde{p}_n - q - c_n \frac{\Phi^{-1}(\tilde{p}_n)}{2}\phi\{\Phi^{-1}(\tilde{p}_n)\} + O(c_n^2),$$

则

$$a_n(\tilde{p}_n)|b_n(\tilde{p}_n) - q|\sum_{j=1}^{n-1} a_j = |b_n(\tilde{p}_n) - q|O(\log n/n)$$

$$= \frac{n^{1/2}|b_n(\tilde{p}_n) - q|}{n^{1/2}}O\left(\log n/n\right) + O(\log n/n^2).$$

根据文献 [27],

$$E\left\{\frac{n^{1/2}|b_n(\tilde{p}_n) - q|}{n^{1/2}}O(\log n/n)\right\} = O\left(\log n/n^{3/2}\right),$$

则有

$$E\left\{\sum_{n=2}^{\infty} a_n(\tilde{p}_n)|b_n(\tilde{p}_n) - q|\sum_{j=1}^{n-1} a_j(\tilde{p}_n)\right\} < \infty. \tag{3.26}$$

这意味着 $\{a_n(\tilde{p}_n)\}$ 和 $\{b_n(\tilde{p}_n)\}$ 满足引理 3.2 的条件 (1)~(3), 因此 $x_n^{(2)} \xrightarrow{p} \zeta_p$.

3.2.2　模拟研究

3.2.2.1　两阶段自适应 D-RMJ 试验设计估计广义分位数的示例

本节用一个示例来说明两阶段自适应 D-RMJ 试验设计估计广义分位数 ζ_p 的步骤. 假设真实模型的参数为 $\mu = 10$, $\sigma = 1$, $\eta = 25$, $\gamma = 1.2$. 连续输出要求的范围为 $[20.5, 29.5]$. 试验的目的是估计以概率 0.99 响应并且连续输出符合要求的刺激水平. 在此示例中, 选择 $\mu_L = 4$, $\mu_U = 16$, $\sigma_g = 1.5$. 第一阶段试验的样本量为 40, 第二阶段试验的样本量为 60. 根据上一节中的试验步骤, 第一阶段试验的第 1

次试验水平为 $x_1 = 10$, 相应的试验结果为 $d_1 = 0$, $t_1 = 0.0$. 第 2 次试验水平为 $x_2 = 11$, 相应的试验结果为 $d_2 = 1$, $t_2 = 24.2272$. 根据 Sen-Test 试验步骤选择后续的试验水平, 并记录相应的试验结果 (二元试验结果和连续输出). 完成样本量为 40 的试验后, 根据 (3.12) 计算参数的极大似然估计为 $\hat{\mu} = 10.0336$, $\hat{\sigma} = 0.9749$, $\hat{\eta} = 24.8847$ 以及 $\hat{\gamma} = 1.4634$. 进入第二阶段试验, 计算获得 $\tilde{p}_1 = 0.9922$. 第二阶段试验选择第 1 次试验水平为 $x_1^{(2)} = \hat{\mu}_m + \hat{\sigma}_m \Phi^{-1}(\tilde{p}_1) = 12.1165$, 相应的试验结果为 $d_1^{(2)} = 1$, $t_1^{(2)} = 25.4824$. 更新 $\hat{\eta} = 24.9132$ 和 $\hat{\gamma} = 1.4322$. 计算获得 $\tilde{p}_2 = 0.9917$. 根据 (3.14), 选择第 2 次试验水平为 $x_2^{(2)} = 11.9426$, 相应的试验结果为 $d_2^{(2)} = 1$, $t_2^{(2)} = 24.0257$. 完成第二阶段样本量为 60 次试验, 相关模型的广义分位数 $\zeta_{0.99}$ 的估计为 $x_{61}^{(2)} = 11.7598$. 图 3.16 给出两阶段优化序贯试验设计选择的试验水平和相应的试验结果 (连续输出为 0 的试验中, 二元响应结果为 0). 图 3.17 给出了第二阶段试验中 $\tilde{p}$ 的取值. 从图 3.17 可以看出, 在第二阶段试验中, $\{\tilde{p}_i\}$ 不再像 RMJ 中的 p 是一个常数, 而是依赖于试验结果的随机序列.

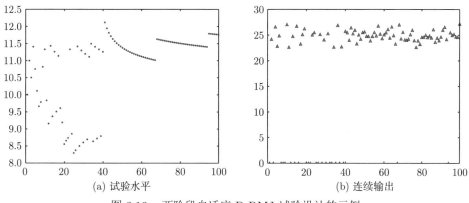

(a) 试验水平   (b) 连续输出

图 3.16 两阶段自适应 D-RMJ 试验设计的示例

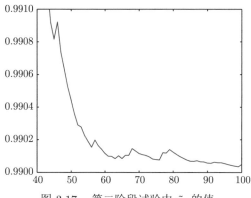

图 3.17 第二阶段试验中 $\tilde{p}_i$ 的值

3.2.2.2 两阶段自适应 D-RMJ 试验设计估计广义分位数效果的模拟研究

本节用计算机模拟的方法, 验证两阶段自适应 D-RMJ 试验设计估计广义分位数 $\zeta_p(p = 0.9, 0.99)$ 的效果. 在模拟中, 根据文献 [10], 选择 $\mu = 10$, $\sigma = 1$. 在实际应用中, 连续输出通常用钢板凹槽深度或者输出压力来衡量, 波动范围分别为 (1 ± 0.5)mm 或者 (30 ± 2)GPa. 因此, 在模拟中, 选择参数 η 和 γ 的值分别为 $\eta = 1$, $\gamma = 0.3$ 或者 $\eta = 25$, $\gamma = 1.2$.

对于钢板凹槽深度, 连续输出要求的范围是大于某个常数 R_L. 对于输出压力, 连续输出要求的范围是一个区间 (R_L, R_U). 在模拟中, 对于 $p = 0.9$, 选择钢板凹槽深度的要求范围是 $R_L = 0.35$, $R_U = \infty$, 输出压力要求范围是 $R_L = 21.5$, $R_U = 28.5$; 对于 $p = 0.99$, 选择钢板凹槽深度的要求范围是 $R_L = 0.15$, $R_U = \infty$, 输出压力要求范围是 $R_L = 20.5$, $R_U = 29.5$.

前面我们提到, 两阶段优化序贯试验设计需要猜测 μ 的范围 $[\mu_L, \mu_U]$ 以及 σ 的值 σ_g. 选择 $\mu_g = 9, 10, 11$, $\sigma_g = 0.5, 1, 2, 3$, 并令 $[\mu_L, \mu_U] = [\mu_g - 3\sigma_g, \mu_g + 3\sigma_g]$. 对每一个 μ_g 和 σ_g 的组合, 重复 1000 次试验. 对于估计 $\zeta_{0.9}$, 选择试验样本量为 30 ($m = 15$, $n = 15$). 对于估计 $\zeta_{0.99}$, 选择试验样本量为 50 ($m = 25$, $n = 25$). 计算用 $x_{n+1}^{(2)}$ 估计广义分位数 ζ_p 的偏差 (Bias) 和均方误差 (MSE). 表 3.3 和表 3.4 给出了连续输出为凹槽深度的模拟结果. 表 3.5 和表 3.6 给出了连续输出为压力的模拟结果.

表 3.3   估计 $\zeta_{0.9}$ 的偏差和均方误差, $\mu = 10$, $\sigma = 1$, $\eta = 1$, $\gamma = 0.3$

	偏差				均方误差			
	$\sigma_g = 0.5$	$\sigma_g = 1$	$\sigma_g = 2$	$\sigma_g = 3$	$\sigma_g = 0.5$	$\sigma_g = 1$	$\sigma_g = 2$	$\sigma_g = 3$
$\mu_g = 9$	-0.1146	-0.0062	0.0292	0.0503	0.2962	0.2952	0.2952	0.2938
$\mu_g = 10$	-0.0524	-0.0151	0.0240	0.0877	0.3048	0.2938	0.2778	0.2952
$\mu_g = 11$	-0.0719	-0.0514	0.0214	0.0644	0.2929	0.2850	0.2784	0.2946

表 3.4   估计 $\zeta_{0.99}$ 的偏差和均方误差, $\mu = 10$, $\sigma = 1$, $\eta = 1$, $\gamma = 0.3$

	偏差				均方误差			
	$\sigma_g = 0.5$	$\sigma_g = 1$	$\sigma_g = 2$	$\sigma_g = 3$	$\sigma_g = 0.5$	$\sigma_g = 1$	$\sigma_g = 2$	$\sigma_g = 3$
$\mu_g = 9$	0.0754	-0.0072	0.0058	0.0517	0.5226	0.5424	0.5132	0.4601
$\mu_g = 10$	-0.0228	0.0471	0.0605	0.1242	0.5589	0.5191	0.5014	0.5408
$\mu_g = 11$	-0.0675	-0.0514	0.0493	0.0644	0.5266	0.5320	0.5344	0.5441

从表 3.3~表 3.6 可以看出无论试验的初始猜测如何, 用 $x_{n+1}^{(2)}$ 估计广义分位数的偏差和均方误差都比较小, 这意味着, 我们提出的两阶段自适应 D-RMJ 试验

设计能够较好地估计广义分位数 ζ_p, 并且对试验的初始猜测具有一定的稳健性.

表 3.5 估计 $\zeta_{0.9}$ 的偏差和均方误差, $\mu = 10$, $\sigma = 1$, $\eta = 25$, $\gamma = 1.2$

	偏差				均方误差			
	$\sigma_g = 0.5$	$\sigma_g = 1$	$\sigma_g = 2$	$\sigma_g = 3$	$\sigma_g = 0.5$	$\sigma_g = 1$	$\sigma_g = 2$	$\sigma_g = 3$
$\mu_g = 9$	-0.0370	0.0221	0.0172	0.0362	0.2507	0.2705	0.2634	0.2683
$\mu_g = 10$	-0.0419	-0.0041	0.0207	0.0519	0.2580	0.2546	0.2739	0.1598
$\mu_g = 11$	-0.0380	-0.0192	0.0180	0.0448	0.2801	0.2461	0.2726	0.2762

表 3.6 估计 $\zeta_{0.99}$ 的偏差和均方误差, $\mu = 10$, $\sigma = 1$, $\eta = 25$, $\gamma = 1.2$

	偏差				均方误差			
	$\sigma_g = 0.5$	$\sigma_g = 1$	$\sigma_g = 2$	$\sigma_g = 3$	$\sigma_g = 0.5$	$\sigma_g = 1$	$\sigma_g = 2$	$\sigma_g = 3$
$\mu_g = 9$	-0.0057	0.0710	0.0648	0.0642	0.5385	0.5178	0.4755	0.4880
$\mu_g = 10$	0.0648	-0.0041	0.1132	0.1894	0.5537	0.4600	0.5630	0.5520
$\mu_g = 11$	-0.0193	-0.0192	0.1005	0.0913	0.5237	0.5230	0.5389	0.4706

3.2.3 实际应用

在本节中, 我们将给出一个用两阶段自适应 D-RMJ 试验设计估计某型雷管以概率 0.95 成功响应 (响应并且连续输出落在指定范围内) 的刺激电流的实际案例. 在本案例中, 试验刺激水平为电流 (mA), 连续输出的度量为雷管响应在钢板上留下的凹槽深度. 由于实际测量仪器的精度限制, 试验水平只能选择整数毫安的电流值. 连续输出的要求是钢板凹槽深度不小于 0.1mm. 工程人员对电流的下限和上限的猜测分别为 $\mu_L = 10$, $\mu_U = 50$, 对 σ 的猜测为 3. 第一阶段试验选择第 1 次试验水平和第 2 次试验水平分别为 $x_1 = 20$ 和 $x_2 = 40$, 相应的二元结果均为不响应, 即 $d_1 = d_2 = 0$, 相应的连续输出也均为 0. 选择下面的试验水平为 $x_3 = 54$, 二元试验结果为 $d_3 = 1$, 同时连续输出结果为 $t_3 = 0.24$. 继续进行试验, 选择第 4 次试验刺激水平为 $x_4 = 47$, 相应的二元结果为 $d_4 = 1$, 同时连续输出结果为 $t_4 = 0.23$. 从第 40 次试验开始进入第二阶段试验. 根据式 (3.12), 计算参数 μ, σ, η 和 γ 的极大似然估计, 并根据 (3.15) 计算 $\tilde{p}_1$. 第二阶段试验根据 (3.14) 选择第 1 次试验水平为 55. 每进行一次试验, 根据 (3.12) 更新参数 η 和 γ 的极大似然估计, 同时根据 (3.15) 更新 $\tilde{p}_i$. 最后根据 (3.14) 选择后续的试验水平. 完成样本量 $N = 50$ 次试验后, 用第 51 次试验水平 $x_{51} = 55$ 作为广义分位数 $\zeta_{0.95}$ 的估计. 表 3.7 给出了两阶段优化试验设计获得的试验数据. 图 3.18 给出了第二阶段试验中 $\tilde{p}_i$ 的值.

表 3.7　两阶段自适应 D-RMJ 试验设计估计某型雷管以概率 0.95 成功响应 (响应并且连续输出落在指定范围内) 的刺激电流

序号	试验水平	二元结果	连续输出	序号	试验水平	二元结果	连续输出
1	20	0	0	26	24	0	0
2	40	0	0	27	41	1	0.52
3	54	1	0.24	28	25	0	0
4	47	1	0.23	29	41	1	0.52
5	44	1	0.30	30	25	0	0
6	39	1	0.32	31	41	1	0.36
7	41	1	0.29	32	25	0	0
8	38	1	0.22	33	41	1	0.48
9	28	1	0.36	34	25	0	0
10	20	0	0	35	41	0	0
11	23	0	0	36	26	1	0.29
12	24	0	0	37	41	1	0.27
13	25	0	0	38	25	0	0
14	25	1	0.43	39	41	1	0.26
15	37	0	0	40	25	1	0.51
16	40	1	0.47	41	55	1	0.33
17	24	0	0	42	55	1	0.24
18	40	1	0.47	43	55	1	0.48
19	27	0	0	44	55	1	0.53
20	40	1	0.30	45	55	1	0.36
21	24	0	0	46	55	1	0.50
22	40	0	0	47	55	1	0.30
23	26	1	0.31	48	55	1	0.26
24	24	0	0	49	55	1	0.32
25	41	1	0.28	50	55	1	0.30

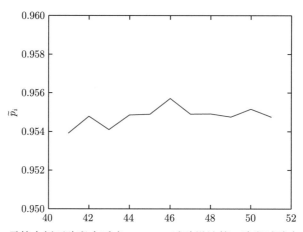

图 3.18　雷管实例两阶段自适应 D-RMJ 试验设计第二阶段试验中 $\tilde{p}_i$ 的值

同时, 我们还将提出的两阶段优化序贯试验设计应用于估计某型号电雷管的广义分位数 $\zeta_{0.99}$. 其刺激水平为电压 (V), 二元试验结果为爆炸或者不爆炸, 连续输出为钢板凹槽深度. 成功响应的要求是: 爆炸, 并且连续输出的凹槽深度大于 0.13mm. 工程人员希望通过试验, 判断 12V 是否可以使电雷管成功响应的概率高于 0.99. 基于历史数据, 工程人员选择试验初始猜测为 $\mu \in [5, 10]$ 以及 $\sigma_g = 0.6$, 试验的样本量为 80. 图 3.19 给出了试验刺激水平和相应的试验结果. 完成试验样本量后, 获得的估计为 9.23V, 小于 12V. 因此, 判断 12V 满足工程设计要求.

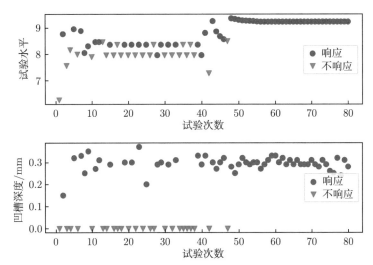

图 3.19   火工控制系统两阶段自适应 D-RMJ 试验设计的试验水平和结果

3.3   针对混合响应的贝叶斯序贯试验设计

在上一节中, 我们讨论了混合响应中的简单情况, 即连续输出不依赖于试验刺激水平的情况. 在这一节中, 我们考虑一种更为一般和复杂的情况, 即在二元响应之外还存在多个连续输出, 并且连续输出依赖于试验刺激水平. 以前面提到的火工控制子系统为例, 除二元响应、能量输出 (凹坑深度) 之外, 同时还有延迟时间被观测到. 对于连续输出均值依赖于刺激水平但方差是常数的情况, 文献 [28] 提出了一种全局的贝叶斯最优设计, 文献 [29] 提出了估计模型参数的局部最优设计. 但是, 在我们考虑的问题中连续输出的方差也依赖于试验刺激水平. 针对这种情况, 我们提出了一种基于决策理论和香农信息准则的贝叶斯优化试验设计方法, 并简称其为 SI-最优设计.

3.3.1   混合响应模型

我国某研究所针对火工控制子系统开展了敏感性试验设计, 收集的试验数据总结如下. 表 3.8 给出试验水平, 每个试验水平下试验样品个数以及发生响应的个数. 相应的能量输出和延迟时间的经验分布函数分别见图 3.20 和图 3.21.

表 3.8   某火工控制子系统在 7 个电流水平下进行敏感性试验的二元响应结果

电流水平/A	0.40	0.45	0.50	0.55	0.60	0.65	0.70
试验样品个数	50	50	50	50	50	50	50
发生响应个数	43	46	48	49	50	50	50

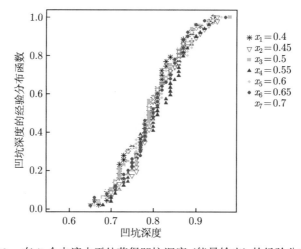

图 3.20   在 7 个电流水平处获得凹坑深度 (能量输出) 的经验分布函数

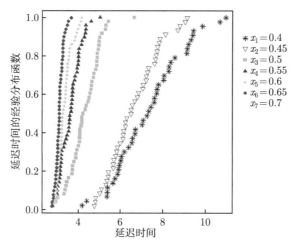

图 3.21   在 7 个电流水平处获得延迟时间的经验分布函数

因此, 我们提出以下的刺激-混合响应模型,

$$P(Z = 1|x) = G(\eta_1 + \eta_2 g(x)),$$

$$(E_1, \cdots, E_l)|Z = 0 = \mathbf{0},$$

$$(E_1, \cdots, E_l)|Z = 1 \sim N_l \left(\begin{bmatrix} \boldsymbol{f}(x)'\boldsymbol{\alpha}^{(1)} \\ \vdots \\ \boldsymbol{f}(x)'\boldsymbol{\alpha}^{(l)} \end{bmatrix}, \begin{bmatrix} \varphi_1(\boldsymbol{f}(x)'\boldsymbol{\alpha}^{(l+1)}) & \cdots & 0 \\ \vdots & \ddots & \vdots \\ 0 & \cdots & \varphi_l(\boldsymbol{f}(x)'\boldsymbol{\alpha}^{(2l)}) \end{bmatrix} \right),$$

$$(3.27)$$

其中, $g(\cdot)$ 是一个已知的关于 x 的单调函数, $\varphi_1(\cdot), \cdots, \varphi_l(\cdot)$ 是已知的函数, $\boldsymbol{\alpha}^{(1)}, \cdots, \boldsymbol{\alpha}^{(2l)}$ 是未知的系数参数. 正如 3.2 节所述, 针对混合响应问题, 成功响应的定义为二元响应结果为 1 且连续响应变量落入某预定范围 $[e_{11}, e_{12}] \times \cdots \times [e_{l1}, e_{l2}]$ 内. 由此, 在水平 x 处成功响应概率为

$$P(Z = 1, e_{11} \leqslant E_1 \leqslant e_{12}, \cdots, e_{l1} \leqslant E_l \leqslant e_{l2})$$

$$= G(\eta_1 + \eta_2 g(x)) \left[\int_{e_{11}}^{e_{12}} \phi(e_1; \boldsymbol{f}(x)'\boldsymbol{\alpha}^{(1)}, \varphi_1(\boldsymbol{f}(x)'\boldsymbol{\alpha}^{(l+1)})) de_1 \times \cdots \right.$$

$$\left. \times \int_{e_{l1}}^{e_{l2}} \phi(e_l; \boldsymbol{f}(x)'\boldsymbol{\alpha}^{(l)}, \varphi_l(\boldsymbol{f}(x)'\boldsymbol{\alpha}^{(2l)})) de_l \right], \quad (3.28)$$

其中, $\phi(\cdot; \mu, \sigma^2)$ 表示均值为 μ, 方差为 σ^2 的正态密度函数. 我们的目的是估计刺激水平 x 的范围 $\mathbb{A}$ (也称为广义分位数) 满足

$$P(Z = 1, e_{11} \leqslant E_1 \leqslant e_{12}, \cdots, e_{l1} \leqslant E_l \leqslant e_{l2}|x \in \mathbb{A}) = p, \quad (3.29)$$

其中, p 是预先给定的概率. 显然, 我们关心的分位数不能表示为未知参数的显式表达, 甚至对于一些特定的 p, $\mathbb{A}$ 很可能是空集. 另外, 在实际应用中, 很多时候我们需要同时估计多个 p 对应的分位数. 根据前面的模型定义, 一个自然可行的方法是: 先估计模型 (3.27) 中的未知参数, 然后通过方程 (3.29) 估计广义分位数.

3.3.2 设计准则

假设我们需要生成一个包含 n 个水平的设计. 令 $\boldsymbol{x} = (x_1, \cdots, x_n)'$ 表示试验水平向量, 其中 x_j 表示第 j 次试验的刺激水平. 令 $\boldsymbol{y} = (\boldsymbol{y}_1, \cdots, \boldsymbol{y}_n)'$ 表示观测值, 其中 $\boldsymbol{y}_j' = (z_j, e_{1j}, \cdots, e_{lj})$ 是其第 j 行, 并且 $z_j, e_{1j}, \cdots, e_{lj}$ 是对应的二元响应和 l 个连续响应观测. 受文献 [30] 启发, 我们将试验设计问题转化为一个统计决策问题, 即给定一个能反映试验目的的效用函数, 然后寻找最大化期望效用的设计. 令

$U(\boldsymbol{a}, \boldsymbol{\beta}, \boldsymbol{x}, \boldsymbol{y})$ 表示效用函数, 其中 $\boldsymbol{\beta} \in \Theta$ 是未知参数, $\boldsymbol{x} \in \mathcal{X}$ 是试验设计, $\boldsymbol{y} \in \mathcal{Y}$ 是相应的试验观测, $\boldsymbol{a}$ 是基于试验观测 $\boldsymbol{y}$ 从决策空间 $\mathcal{A}$ 中选择的一个决策. 对于任意的一个设计 $\boldsymbol{x}$, 最好的期望效用函数为

$$U(\boldsymbol{x}) = \int_{\mathcal{Y}} \max_{\boldsymbol{a} \in \mathcal{A}} \int_{\mathcal{B}} U(\boldsymbol{a}, \boldsymbol{\beta}, \boldsymbol{x}, \boldsymbol{y}) p(\boldsymbol{\beta}|\boldsymbol{y}, \boldsymbol{x}) p(\boldsymbol{y}|\boldsymbol{x}) \, d\boldsymbol{\beta} \, d\boldsymbol{y}, \tag{3.30}$$

其中, $p(\boldsymbol{\beta}|\boldsymbol{y}, \boldsymbol{x})$ 表示参数 $\boldsymbol{\beta}$ 的后验分布. 从而, 最优的设计可以表示为

$$\boldsymbol{x}^* = \arg\max_{\boldsymbol{x} \in \mathcal{X}} U(\boldsymbol{x}). \tag{3.31}$$

令决策空间 $\mathcal{A}$ 是 $\boldsymbol{\beta}$ 的分布族, 即 $\mathcal{A} = \left\{ p_{\boldsymbol{\beta}}(\cdot) \middle| p_{\boldsymbol{\beta}}(\cdot) > 0, \int p_{\boldsymbol{\beta}}(\boldsymbol{t}) d\boldsymbol{t} = 1 \right\}$, $U(\boldsymbol{a}, \boldsymbol{\beta}, \boldsymbol{x}, \boldsymbol{y}) = \log \dfrac{\boldsymbol{a}}{p(\boldsymbol{\beta})}$, 则期望效用函数变成

$$U(\boldsymbol{x}) = \int_{\mathcal{Y}} \int_{\mathcal{B}} \log \frac{p(\boldsymbol{\beta}|\boldsymbol{y}, \boldsymbol{x})}{p(\boldsymbol{\beta})} p(\boldsymbol{\beta}, \boldsymbol{y}|\boldsymbol{x}) \, d\boldsymbol{\beta} \, d\boldsymbol{y}, \tag{3.32}$$

也被称为香农信息准则, 其中 $p(\boldsymbol{\beta})$ 是 $\boldsymbol{\beta}$ 的先验分布, $p(\boldsymbol{\beta}|\boldsymbol{y}, \boldsymbol{x})$ 是 $\boldsymbol{\beta}$ 的后验分布. 显然, 最大化 (3.32) 就等价于最大化后验分布和先验分布之间的 Kullback-Leibler 距离[31], 这意味着最好的设计就是收集更多的关于参数 $\boldsymbol{\beta}$ 的信息从而获得广义分位数比较精确的估计. 如果 $\boldsymbol{y}$ 是正态线性模型, 即 $\boldsymbol{y}$ 服从正态分布, 其均值为 $\boldsymbol{\beta}$ 的线性函数, 方差为常数, 最大化 (3.32) 等价于最大化

$$\phi(\boldsymbol{x}) = \int_{\mathcal{B}} \log \det I(\boldsymbol{\beta}, \boldsymbol{x}) p(\boldsymbol{\beta}) \, d\boldsymbol{\beta}, \tag{3.33}$$

这就是大家熟知的贝叶斯 D-最优准则[32]. 然而, 在实际问题中, $\boldsymbol{y}$ 包含二元响应和多个连续响应, 并且连续响应的均值和方差均依赖于刺激水平 x. 对于这种情况, 我们也可以用 $N(\boldsymbol{\beta}, [I(\boldsymbol{\beta}, \boldsymbol{x})]^{-1})$ 来近似 $p(\boldsymbol{\beta}|\boldsymbol{y}, \boldsymbol{x})$[33]. 这样, (3.32) 中的 $U(\boldsymbol{x})$ 可以被近似为

$$-\frac{n}{2} \log(2\pi) - \frac{n}{2} + \frac{1}{2} \int_{\mathcal{B}} \log \det \{I(\boldsymbol{\beta}, \boldsymbol{x})\} p(\boldsymbol{\beta}) \mathrm{d}\boldsymbol{\beta},$$

这也就意味着贝叶斯 D-最优准则可以近似香农信息准则. 文献 [34] 指出这种近似严重依赖于正态分布近似的准确性和合理性, 特别是在样本量比较小的时候. 因此, 基于香农信息的最优准则和基于贝叶斯 D-最优准则的两种设计, 哪个更适合估计广义分位数是值得探讨的问题.

3.3.3 SI-最优设计

假设已经进行了 j 次试验, 获得的试验水平为 $\boldsymbol{x}^{(j)} = (x_1, \cdots, x_j)'$, 对应的试验观测为 $\boldsymbol{y}^{(j)} = (\boldsymbol{y}_1, \cdots, \boldsymbol{y}_j)'$. 为了简化计算, 假设 $\boldsymbol{\eta}$, $(\boldsymbol{\alpha}^{(1)}, \boldsymbol{\alpha}^{(l+1)})$, $\cdots$, $(\boldsymbol{\alpha}^{(l)}, \boldsymbol{\alpha}^{(2l)})$ 相互独立. 基于前 j 次试验数据, 期望效用函数 (3.92) 为

$$
\begin{aligned}
& U(x|\boldsymbol{y}^{(j)}, \boldsymbol{x}^{(j)}) \\
&= E_{z,\boldsymbol{\eta}}\left[\log \frac{p(\boldsymbol{\eta}|\boldsymbol{z}^{(j)}, \boldsymbol{x}^{(j)}, z, x)}{p(\boldsymbol{\eta}|\boldsymbol{z}^{(j)}, \boldsymbol{x}^{(j)})}\right] \\
&\quad + E_z\left[E_{e_1,\boldsymbol{\alpha}^{(1)},\boldsymbol{\alpha}^{(l+1)}} \log \frac{p(\boldsymbol{\alpha}^{(1)}, \boldsymbol{\alpha}^{(l+1)}|\boldsymbol{z}^{(j)}, \boldsymbol{e}_1^{(j)}, \boldsymbol{x}^{(j)}, z, e_1)}{p(\boldsymbol{\alpha}^{(1)}, \boldsymbol{\alpha}^{(l+1)}|\boldsymbol{z}^{(j)}, \boldsymbol{e}^{(j)}, \boldsymbol{x}^{(j)})}\right] \\
&\quad + \cdots \\
&\quad + E_z\left[E_{e_l,\boldsymbol{\alpha}^{(l)},\boldsymbol{\alpha}^{(2l)}} \log \frac{p(\boldsymbol{\alpha}^{(l)}, \boldsymbol{\alpha}^{(2l)}|\boldsymbol{z}^{(j)}, \boldsymbol{e}_l^{(j)}, \boldsymbol{x}^{(j)}, z, e_l)}{p(\boldsymbol{\alpha}^{(l)}, \boldsymbol{\alpha}^{(2l)}|\boldsymbol{z}^{(j)}, \boldsymbol{e}_l^{(j)}, \boldsymbol{x}^{(j)})}\right].
\end{aligned}
\tag{3.34}
$$

在上式的等式右边有 $l+1$ 项, 第一项代表 (η_1, η_2) 的效用, 第二项代表 $(\boldsymbol{\alpha}^{(1)}, \boldsymbol{\alpha}^{(l+1)})$ 的效用, 最后一项代表 $(\boldsymbol{\alpha}^{(l)}, \boldsymbol{\alpha}^{(2l)})$ 的效用. 为了准确估计响应概率曲线 $F(x) = G(\eta_1 + \eta_2 g(x))$ 中的参数, 需要收集更多的关于二元响应结果的信息. 我们提出了下面加权的期望效用函数

$$
\begin{aligned}
& U^W(x|\boldsymbol{y}^{(j)}, \boldsymbol{x}^{(j)}) \\
&= E_{z,\boldsymbol{\eta}}\left[\log \frac{p(\boldsymbol{\eta}|\boldsymbol{z}^{(j)}, \boldsymbol{x}^{(j)}, z, x)}{p(\boldsymbol{\eta}|\boldsymbol{z}^{(j)}, \boldsymbol{x}^{(j)})}\right] \\
&\quad + w_1(j)E_z\left[E_{e_1,\boldsymbol{\alpha}^{(1)},\boldsymbol{\alpha}^{(l+1)}} \log \frac{p(\boldsymbol{\alpha}^{(1)}, \boldsymbol{\alpha}^{(l+1)}|\boldsymbol{z}^{(j)}, \boldsymbol{e}_1^{(j)}, \boldsymbol{x}^{(j)}, z, e_1)}{p(\boldsymbol{\alpha}^{(1)}, \boldsymbol{\alpha}^{(l+1)}|\boldsymbol{z}^{(j)}, \boldsymbol{e}^{(j)}, \boldsymbol{x}^{(j)})}\right] \\
&\quad + \cdots \\
&\quad + w_l(j)E_z\left[E_{e_l,\boldsymbol{\alpha}^{(l)},\boldsymbol{\alpha}^{(2l)}} \log \frac{p(\boldsymbol{\alpha}^{(l)}, \boldsymbol{\alpha}^{(2l)}|\boldsymbol{z}^{(j)}, \boldsymbol{e}_l^{(j)}, \boldsymbol{x}^{(j)}, z, e_l)}{p(\boldsymbol{\alpha}^{(l)}, \boldsymbol{\alpha}^{(2l)}|\boldsymbol{z}^{(j)}, \boldsymbol{e}_l^{(j)}, \boldsymbol{x}^{(j)})}\right].
\end{aligned}
\tag{3.35}
$$

关于上式中权重的选择是一个挑战性的难题. 在这里, 我们推荐选择 $w_1(j) = \cdots = w_l(j) = 1 - (\rho)^{j-1}$, 其中 $\rho \in (0,1)$ 的取值依赖于连续响应效用在整个效用函数中占比的分布, $R(x) = 1 - E_z\left[\log \frac{p(\overline{\boldsymbol{\eta}}|z,x)}{p(\overline{\boldsymbol{\eta}})}\right] \Big/ U(x)$, $\overline{\boldsymbol{\eta}}$ 是先验分布 $p(\boldsymbol{\eta})$ 的均值, $U(x)$ 通过 (3.34) 计算获得. 通过模拟研究, 我们发现加权效用函数估计广义分位数的表现对 ρ 在 $R(x)$ 的 $1/4$ 和 $3/4$ 分位数之间取值不敏感. 在实际应用中, 开始试验之前, $R(x)$ 可以通过蒙特卡罗模拟方法来确定. 在本书的模拟研究

中, 我们均选择 ρ 为 $R(x)$ 的 1/4 分位数的估计. 从而, 通过最大化 (3.35) 中的 $U^W(x|\boldsymbol{y}^{(j)}, \boldsymbol{x}^{(j)})$ 来确定 $(j+1)$ 次试验水平 x_{j+1}, 即

$$x_{j+1} = \arg\max_{x \in \mathcal{X}} U^W(x|\boldsymbol{y}^{(j)}, \boldsymbol{x}^{(j)}),$$

其中, $\mathcal{X}$ 是合理的试验水平范围.

3.3.4   贝叶斯 D-最优设计

前面我们提到, 香农信息准则可以被贝叶斯 D-最优准则

$$\phi(\boldsymbol{x}) = \int_{\mathcal{B}} \log \det I(\boldsymbol{\beta}, \boldsymbol{x}) p(\boldsymbol{\beta}) \, d\boldsymbol{\beta}$$

来近似. 假设已经获得的试验设计为 $\boldsymbol{x}^{(j)} = (x_1, \cdots, x_j)'$, $\boldsymbol{y}^{(j)} = (\boldsymbol{y}_1, \cdots, \boldsymbol{y}_j)'$ 是相应的试验观测. 序贯设计的贝叶斯 D-最优准则可以表示为

$$\phi(x|\boldsymbol{y}^{(j)}, \boldsymbol{x}^{(j)}) = \int_{\mathcal{B}} \log \det I(\boldsymbol{\beta}, \boldsymbol{x}^{(j)}, x) p(\boldsymbol{\beta}|\boldsymbol{y}^{(j)}, \boldsymbol{x}^{(j)}, x) \, d\boldsymbol{\beta}, \qquad (3.36)$$

其中

$$I(\boldsymbol{\beta}, \boldsymbol{x}^{(j)}, x)_{st} = -E\left[\sum_{i=1}^{j} \frac{\partial^2 \log p(\boldsymbol{y}_i|\boldsymbol{\beta}, x_i)}{\partial \beta_s \partial \beta_t} + \frac{\partial^2 \log p(\boldsymbol{y}|\boldsymbol{\beta}, x)}{\partial \beta_s \partial \beta_t}\right].$$

从而, 通过最大化 (3.36) 中的 $\phi(x|\boldsymbol{y}^{(j)}, \boldsymbol{x}^{(j)})$ 来确定下一个试验刺激水平 x_{j+1}, 即

$$x_{j+1} = \arg\max_{x \in \mathcal{X}} \phi(x|\boldsymbol{y}^{(j)}, \boldsymbol{x}^{(j)}).$$

3.3.5   试验设计算法

在计算 (3.35) 的过程中需要计算很多复杂函数的期望, 涉及复杂积分的计算. 文献 [35] 提出了一种基于试验设计和插值技术的贝叶斯计算方法, 被称为 DoIt 算法. 在下面的章节中, 我们首先介绍 DoIt 算法的基本思想、详细步骤以及相关的一些理论性质. 然后再分别介绍 SI-最优设计算法和贝叶斯 D-最优设计算法.

3.3.5.1   DoIt 算法

后验期望的计算是贝叶斯应用中一个非常重要的问题. 文献中有很多关于贝叶斯计算的研究, 包括: Laplace 近似、数值积分、蒙特卡罗 (MC)、拟蒙特卡罗 (QMC) 和蒙特卡罗马尔可夫 (MCMC) 等. 文献 [35] 给出了一种新的近似连续后

验分布的确定性方法, 被称为 DoIt 算法, 其基本思想是利用一些加权正态分布来近似后验分布.

令 $p(\boldsymbol{\theta})$ 表示参数 $\boldsymbol{\theta}$ 的先验分布, $p(\boldsymbol{y}|\boldsymbol{\theta})$ 是相应的模型似然函数, 则非正则化的后验密度为 $h(\boldsymbol{\theta}) = p(\boldsymbol{y}|\boldsymbol{\theta})p(\boldsymbol{\theta})$. 假设 $\boldsymbol{D} = \{\boldsymbol{\nu}_1, \boldsymbol{\nu}_2, \cdots, \boldsymbol{\nu}_m\}$ 是根据一定的试验设计准则从参数空间获得的试验点集合, $\boldsymbol{h}' = (h_1, h_2, \cdots, h_m)$, 其中 $h_i = h(\boldsymbol{\nu}_i), i = 1, \cdots, m$. 令 $g(\boldsymbol{\theta}; \boldsymbol{\nu}, \boldsymbol{\Sigma}) = \exp\left\{-(\boldsymbol{\theta} - \boldsymbol{\nu})'\boldsymbol{\Sigma}^{-1}(\boldsymbol{\theta} - \boldsymbol{\nu})\right\}$, 考虑下面的加权平均模型

$$h(\boldsymbol{\theta}) \approx \sum_{i=1}^{m} c_i g(\boldsymbol{\theta}; \boldsymbol{\nu}_i, \boldsymbol{\Sigma}), \tag{3.37}$$

其中, $\boldsymbol{c} = (c_1, c_2, \cdots, c_m)$ 是未知系数. 一个直观的想法是基于数据 $\boldsymbol{D}$ 和 $\boldsymbol{h}$, 利用最小二乘方法获得系数 $\boldsymbol{c}$ 的估计. 事实上, 如果对任意的 $i \neq j$ 都有 $\boldsymbol{\nu}_i \neq \boldsymbol{\nu}_j$ 成立, 则 $\boldsymbol{G} = \{G_{ij} = g(\boldsymbol{\nu}_i; \boldsymbol{\nu}_j, \boldsymbol{\Sigma})\}$ 是一个正定矩阵, 即 $\boldsymbol{G}^{-1}$ 存在. 这样, 我们就可以获得插值结果, 即 $\tilde{\boldsymbol{c}} = \boldsymbol{G}^{-1}\boldsymbol{h}$. 对于新的参数 $\boldsymbol{\theta}$ 都有

$$\tilde{h}(\boldsymbol{\theta}) = \tilde{\boldsymbol{c}}'\boldsymbol{g}(\boldsymbol{\theta}),$$

其中, $\boldsymbol{g}(\boldsymbol{\theta}) = (g(\boldsymbol{\theta}; \boldsymbol{\nu}_1, \boldsymbol{\Sigma}), g(\boldsymbol{\theta}; \boldsymbol{\nu}_2, \boldsymbol{\Sigma}), \cdots, g(\boldsymbol{\theta}; \boldsymbol{\nu}_m, \boldsymbol{\Sigma}))$. 对上式两边同时积分, 可以获得

$$\int \tilde{h}(\boldsymbol{\theta})d\boldsymbol{\theta} = (2\pi)^{d/2}|\boldsymbol{\Sigma}|^{1/2}\tilde{\boldsymbol{c}}'\boldsymbol{1},$$

其中, $\boldsymbol{1}$ 表示元素全为 1 的向量, d 是参数的维数. 从而, 参数 $\boldsymbol{\theta}$ 的后验分布可以近似为

$$p(\boldsymbol{\theta}|\boldsymbol{y}) \approx \frac{\tilde{\boldsymbol{c}}'\boldsymbol{g}(\boldsymbol{\theta})}{(2\pi)^{d/2}|\boldsymbol{\Sigma}|^{1/2}\tilde{\boldsymbol{c}}'\boldsymbol{1}}.$$

令 $\boldsymbol{\phi}(\boldsymbol{\theta}) = (\phi(\boldsymbol{\theta}; \boldsymbol{\nu}_1, \boldsymbol{\Sigma}), \phi(\boldsymbol{\theta}; \boldsymbol{\nu}_2, \boldsymbol{\Sigma}), \cdots, \phi(\boldsymbol{\theta}; \boldsymbol{\nu}_m, \boldsymbol{\Sigma}))$, 则

$$p(\boldsymbol{\theta}|\boldsymbol{y}) \approx \frac{\tilde{\boldsymbol{c}}'\boldsymbol{\phi}(\boldsymbol{\theta})}{\tilde{\boldsymbol{c}}'\boldsymbol{1}}.$$

如果后验密度的众数容易求得, 则用后验密度在众数处的曲率来估计 $\boldsymbol{\Sigma}$. 如果后验密度的众数不容易求解, 则假设 $\boldsymbol{\Sigma}$ 是一个对角矩阵, 并用交叉验证的方法来获得 $\boldsymbol{\Sigma}$ 的估计. 由于按照上式求解获得的 $\tilde{\boldsymbol{c}}$ 并不能保证每一个元素都是非负的, 所以上式中的正态分布加权和可能存在负的情况. 为了获得全部为正数的系数 $\boldsymbol{c}$, 通过最小化

$$(\boldsymbol{h} - \boldsymbol{G}\boldsymbol{c})'\boldsymbol{G}^{-1}(\boldsymbol{h} - \boldsymbol{G}\boldsymbol{c})$$

来获得未知系数 c 的估计并将其记为 $\hat{c}$. 进一步令

$$h(\boldsymbol{\theta}) \approx \hat{\boldsymbol{c}}' \boldsymbol{g}(\boldsymbol{\theta}; \boldsymbol{\Sigma}) \left\{ a + \boldsymbol{b}' \boldsymbol{g}(\boldsymbol{\theta}; \boldsymbol{\Lambda}) \right\},$$

其中

$$\boldsymbol{g}(\boldsymbol{\theta}; \boldsymbol{\Sigma}) = (g(\boldsymbol{\theta}; \boldsymbol{\nu}_1, \boldsymbol{\Sigma}), g(\boldsymbol{\theta}; \boldsymbol{\nu}_2, \boldsymbol{\Sigma}), \cdots, g(\boldsymbol{\theta}; \boldsymbol{\nu}_m, \boldsymbol{\Sigma})),$$

$$\boldsymbol{g}(\boldsymbol{\theta}; \boldsymbol{\Lambda}) = (g(\boldsymbol{\theta}; \boldsymbol{\nu}_1, \boldsymbol{\Lambda}), g(\boldsymbol{\theta}; \boldsymbol{\nu}_2, \boldsymbol{\Lambda}), \cdots, g(\boldsymbol{\theta}; \boldsymbol{\nu}_m, \boldsymbol{\Lambda})).$$

令 $z_i = h(\boldsymbol{\nu}_i)/\hat{\boldsymbol{c}}' \boldsymbol{g}(\boldsymbol{\nu}_i; \boldsymbol{\Sigma})$, $\boldsymbol{z}' = (z_1, z_2, \cdots, z_m)$, 给定 a, 为了获得插值的效果, 则有

$$\hat{\boldsymbol{b}} = \boldsymbol{G}(\boldsymbol{\Lambda})^{-1}(\boldsymbol{z} - a\boldsymbol{1}).$$

接下来, 考虑参数 a 的选择. 令 a 为 $\hat{z}(\boldsymbol{\theta})$ 的均值, 则有

$$a = \frac{\displaystyle\int \hat{h}(\boldsymbol{\theta}) d\boldsymbol{\theta}}{(2\pi)^{d/2} |\boldsymbol{\Sigma}|^{1/2} \hat{\boldsymbol{c}}' \boldsymbol{1}}.$$

将

$$\hat{h}(\boldsymbol{\theta}) \approx \hat{\boldsymbol{c}}' \boldsymbol{g}(\boldsymbol{\theta}; \boldsymbol{\Sigma}) \left\{ a + \hat{\boldsymbol{b}}' \boldsymbol{g}(\boldsymbol{\theta}; \boldsymbol{\Lambda}) \right\}$$

代入, 求解可以获得

$$a = \frac{\hat{\boldsymbol{c}}' \boldsymbol{G}(\boldsymbol{\Sigma} + \boldsymbol{\Lambda}) \boldsymbol{G}(\boldsymbol{\Lambda})^{-1} \boldsymbol{z}}{\hat{\boldsymbol{c}}' \boldsymbol{G}(\boldsymbol{\Sigma} + \boldsymbol{\Lambda}) \boldsymbol{G}(\boldsymbol{\Lambda})^{-1} \boldsymbol{1}}.$$

令参数 $\boldsymbol{\Lambda} = \mathrm{diag}(\boldsymbol{\lambda}) \boldsymbol{\Sigma} \mathrm{diag}(\boldsymbol{\lambda})$, 同样通过交叉验证的方法来确定未知参数 $\boldsymbol{\lambda} = (\lambda_1, \lambda_2, \cdots, \lambda_d)$. 令 $\boldsymbol{V} = \boldsymbol{\Sigma}(\boldsymbol{\Sigma} + \boldsymbol{\Lambda})^{-1} \boldsymbol{\Lambda}$, 以及 $\boldsymbol{\mu}_{ij} = \boldsymbol{V}(\boldsymbol{\Sigma}^{-1} \boldsymbol{\mu}_i + \boldsymbol{\Lambda}^{-1} \boldsymbol{\nu}_j)$, 则有

$$\hat{p}(\boldsymbol{\theta}|\boldsymbol{y}) \approx \frac{\sum_{i=1}^m \hat{c}_i \phi(\boldsymbol{\theta}; \boldsymbol{\nu}, \boldsymbol{\Sigma}) + \sum_{i=1}^m \sum_{j=1}^m d_{ij} \phi(\boldsymbol{\theta}; \boldsymbol{\mu}_{ij}, \boldsymbol{V})}{\sum_{i=1}^m \hat{c}_i}, \tag{3.38}$$

其中

$$d_{ij} = \frac{\hat{c}_i \hat{b}_j |\boldsymbol{\Lambda}|^{1/2}}{a |\boldsymbol{\Sigma} + \boldsymbol{\Lambda}|^{1/2}} g(\boldsymbol{\nu}_i; \boldsymbol{\nu}_j, \boldsymbol{\Sigma} + \boldsymbol{\Lambda}).$$

从式 (3.38) 不难发现, 后验分布依然表示为一些正态分布的加权平均.

在实际应用中, 我们经常关心的是一些复杂函数的后验期望, 即 $\xi = E\{f(\boldsymbol{\theta})|\boldsymbol{y}\}$. 直接计算这个期望需要计算比较复杂的积分, 即使在上述后验分布近似的情况下也仅仅针对个别简单形式的 $f(\boldsymbol{\theta})$ 可以获得显示解.

令 $f^*(\boldsymbol{\theta}) = f(\boldsymbol{\theta})z(\boldsymbol{\theta})$, 其中 $z(\boldsymbol{\theta}) = a + \hat{\boldsymbol{b}}'q(\boldsymbol{\theta}; \boldsymbol{\Lambda})$, 则

$$\xi \approx \frac{1}{a\hat{\boldsymbol{c}}'\mathbf{1}} \sum_{i=1}^{m} \hat{c}_i \int f^*(\boldsymbol{\theta})\phi(\boldsymbol{\theta}; \boldsymbol{\nu}_i, \boldsymbol{\Sigma})d\boldsymbol{\theta}.$$

令 $\boldsymbol{f}^{*\prime} = (f^*(\boldsymbol{\nu}_1), f^*(\boldsymbol{\nu}_2), \cdots, f^*(\boldsymbol{\nu}_m))$, 利用高斯过程模型将 $f^*(\boldsymbol{\theta})$ 近似为

$$f^*(\boldsymbol{\theta}) = \alpha z(\boldsymbol{\theta}) + g(\boldsymbol{\theta}; \boldsymbol{\Omega})G(\boldsymbol{\Omega})^{-1}(\boldsymbol{f}^* - \alpha\boldsymbol{z}),$$

其中 α 是待确定的常数. 通过推导, 可以获得

$$\xi = \alpha + \frac{|\boldsymbol{\Omega}|^{1/2}}{a\hat{\boldsymbol{c}}'\mathbf{1}|\boldsymbol{\Sigma}+\boldsymbol{\Omega}|^{1/2}}\hat{\boldsymbol{c}}'G(\boldsymbol{\Sigma}+\boldsymbol{\Omega})G(\boldsymbol{\Omega})^{-1}(\boldsymbol{f}^* - \alpha\boldsymbol{z}).$$

同样取 $\alpha = \xi$, 可以获得

$$\xi = \frac{\hat{\boldsymbol{c}}'G(\boldsymbol{\Sigma}+\boldsymbol{\Omega})G(\boldsymbol{\Omega})^{-1}\boldsymbol{f}^*}{\hat{\boldsymbol{c}}'G(\boldsymbol{\Sigma}+\boldsymbol{\Omega})G(\boldsymbol{\Omega})^{-1}\boldsymbol{z}}. \tag{3.39}$$

同样, $\boldsymbol{\Omega}$ 通过交叉验证的方式来确定. 由于上述近似对于 $\boldsymbol{\Omega}$ 的选择不敏感, 为了方便起见, 也可以将 $\boldsymbol{\Lambda}$ 作为 $\boldsymbol{\Omega}$ 的近似. 通过式 (3.39) 不难发现, DoIt 方法通过高斯过程模型可以用一个显示表达式来近似复杂的后验期望, 大大简化了贝叶斯计算的难度.

3.3.5.2 SI-最优设计算法

通过最大化 (3.35) 中的 $U^W(x|\boldsymbol{y}^{(j)}, \boldsymbol{x}^{(j)})$ 来寻找最优设计是一件困难的事情, 因为这里面涉及多个复杂积分的计算问题. 在这一节, 我们将给出一种随机优化算法来解决这一问题, 主要包含下面四个步骤:

(1) 随机均匀地抽取 K 个点, $x^k \in \mathcal{X}_{(j+1)}, k = 1, \cdots, K$.

(2) 利用 DoIt 算法和一维数值计算算法计算 $U^W(x^k|\boldsymbol{y}^{(j)}, \boldsymbol{x}^{(j)})$ 的近似值 $\hat{U}^W(x^k|\boldsymbol{y}^{(j)}, \boldsymbol{x}^{(j)})$, $k = 1, \cdots, K$.

(3) 基于 $\hat{U}^W(x^k|\boldsymbol{y}^{(j)}, \boldsymbol{x}^{(j)})$, $k = 1, \cdots, K$, 拟合一条光滑曲面 $\tilde{U}^W(x|\boldsymbol{y}^{(j)}, \boldsymbol{x}^{(j)})$.

(4) 通过最大化 $\tilde{U}^W(x|\boldsymbol{y}^{(j)}, \boldsymbol{x}^{(j)})$ 选择下一个试验水平 x_{j+1}.

在上述步骤 (1) 中, 为了尽可能获得 $U^W(x|\boldsymbol{y}^{(j)}, \boldsymbol{x}^{(j)})$ 在整个试验区域的整体趋势, 抽取的 K 个样本点要尽可能分散在试验区域 $\mathcal{X}$. 在实际应用, 试验区域 $\mathcal{X}$

是一个有限区间. 这是因为 $G(\cdot)$ 和 $g(\cdot)$ 都是单调增函数. 当 x_{j+1} 比 $g^{-1}\left(-\dfrac{\eta_1}{\eta_2}\right)$ 小很多时, 相应的试验结果以非常大的概率取 $z_{j+1}=0, e_{1,j+1}=0, \cdots, e_{l,j+1}=0$. 在这样小的试验水平 x_{j+1} 开展试验, 增加的效用非常有限. 同样, 当 x_{j+1} 比 $g^{-1}\left(-\dfrac{\eta_1}{\eta_2}\right)$ 大很多时, 增加的效用也非常有限. 因为, 我们通常会限制试验水平落在区间 x_{j+1} 在 $\mathcal{X}_{j+1}=\left[g^{-1}\left(-\dfrac{\hat{\eta}_{1,j}}{\hat{\eta}_{2,j}}-\dfrac{5}{\hat{\eta}_{2,j}}\right), g^{-1}\left(-\dfrac{\hat{\eta}_{1,j}}{\hat{\eta}_{2,j}}+\dfrac{5}{\hat{\eta}_{2,j}}\right)\right]$ 内, 其中 $\hat{\eta}_{1,j}, \hat{\eta}_{2,j}$ 是基于当前试验数据获得的参数 η_1 和 η_2 的后验均值. 为了使得这 K 个点在试验区域尽可能分开, 用等间距的格子点来选择 x^k 位置并基于此计算 $U^W(x^k|\boldsymbol{y}^{(j)}, \boldsymbol{x}^{(j)})$. 一般, 在应用中选择 $K=100$, 读者也可以根据经验来确定 K.

在步骤 (3) 中, 一些经典的非参数回归模型例如核方法[36] 经常被用来拟合光滑曲面. 在本书中, 我们利用具有高斯核权重的局部多项式[37] 来近似 $\tilde{U}^W(x|\boldsymbol{y}^{(j)}, \boldsymbol{x}^{(j)})$, 其中带宽参数的估计方法参考文献 [38]. 在步骤 (4) 中, 传统的全局优化方法, 例如 BFGS 方法或者 Nelder-Mead 方法, 被用来寻找下一个试验水平 x_{j+1}.

在步骤 (2) 中, 直接计算 $U^W(x^k|\boldsymbol{y}^{(j)}, \boldsymbol{x}^{(j)})$ 比较困难. 下面, 我们将详细叙述如何利用 DoIt 算法计算 $U^W(x^k|\boldsymbol{y}^{(j)}, \boldsymbol{x}^{(j)})$. 经过推导, 可以获得

$$U^W(x^k|\boldsymbol{y}^{(j)}, \boldsymbol{x}^{(j)}) = E_{\boldsymbol{\beta}|\boldsymbol{y}^{(j)}, \boldsymbol{x}^{(j)}}[f^W(\boldsymbol{\beta})], \tag{3.40}$$

其中, $f^W(\boldsymbol{\beta})$ 将在后面详细介绍. 为了快速计算上述期望, 借助文献 [35] 提出的 DoIt 算法, 用混合正态分布来近似 $p(\boldsymbol{\beta}|\boldsymbol{y}^{(j)}, \boldsymbol{x}^{(j)})$, 从而获得对应的期望. 假设 m 个最小能量设计 (MED) 点为 $\{\boldsymbol{\beta}^1, \cdots, \boldsymbol{\beta}^m\}$, 用 DoIt 算法就需要计算 $f^W(\boldsymbol{\beta})$ 在这 m 个点上的取值, 其中

$$
\begin{aligned}
f^W(\boldsymbol{\beta}) =\; & p(Z_{x^k}=1|\boldsymbol{\beta}, x^k) \cdot \log \frac{p(Z_{x^k}=1|\boldsymbol{\beta}, x^k)}{p(Z_{x^k}=1|x^k)} \\
& + p(Z_{x^k}=0|\boldsymbol{\beta}, x^k) \cdot \log \frac{p(Z_{x^k}=0|\boldsymbol{\beta}, x^k)}{p(Z_{x^k}=0|x^k)} \\
& + p(Z_{x^k}=1|\boldsymbol{\beta}, x^k) \cdot \sum_{i=1}^{l} \left\{ w_i(j) \cdot \int_{\mathcal{E}_i} \log \frac{[p(e_{ix^k}|Z_{x^k}=1, \boldsymbol{\beta}, x^k)]}{[p(e_{ix^k}|Z_{x^k}=1, x^k)]} \right. \\
& \left. \cdot p(e_{ix^k}|Z_{x^k}=1, \boldsymbol{\beta}, x^k)\, de_{ix^k} \right\} \\
=\; & p(Z_{x^k}=1|\boldsymbol{\beta}, x^k) \cdot [\log p(Z_{x^k}=1|\boldsymbol{\beta}, x^k) - \log p(Z_{x^k}=1|x^k)] \\
& + p(Z_{x^k}=0|\boldsymbol{\beta}, x^k) \cdot [\log p(Z_{x^k}=0|\boldsymbol{\beta}, x^k) - \log p(Z_{x^k}=0|x^k)]
\end{aligned}
$$

$$+ p(Z_{x^k} = 1 | \boldsymbol{\beta}, x^k) \cdot \sum_{i=1}^{l} \left\{ w_i(j) \cdot \int_{\mathcal{E}_i} [\log p(e_{ix^k} | Z_{x^k} = 1, \boldsymbol{\beta}, x^k) \right.$$

$$\left. - \log p(e_{ix^k} | Z_{x^k} = 1, x^k)] \cdot p(e_{ix^k} | Z_{x^k} = 1, \boldsymbol{\beta}, x^k) \, de_{ix^k} \right\}$$

$$= f_1(\boldsymbol{\beta}) - f_2(\boldsymbol{\beta}),$$

$$f_1(\boldsymbol{\beta}) = p(Z_{x^k} = 1 | \boldsymbol{\beta}, x^k) \cdot \log p(Z_{x^k} = 1 | \boldsymbol{\beta}, x^k)$$

$$+ p(Z_{x^k} = 0 | \boldsymbol{\beta}, x^k) \cdot \log p(Z_{x^k} = 0 | \boldsymbol{\beta}, x^k)$$

$$+ p(Z_{x^k} = 1 | \boldsymbol{\beta}, x^k) \cdot \sum_{i=1}^{l} \left\{ w_i(j) \cdot \int_{\mathcal{E}_i} \log[p(e_{ix^k} | Z_{x^k} = 1, \boldsymbol{\beta}, x^k)] \right.$$

$$\left. \cdot p(e_{ix^k} | Z_{x^k} = 1, \boldsymbol{\beta}, x^k) \, de_{ix^k} \right\}$$

$$= G(\eta_1 + \eta_2 g(x^k)) \cdot \log G(\eta_1 + \eta_2 g(x^k))$$

$$+ (1 - G(\eta_1 + \eta_2 g(x^k))) \cdot \log(1 - G(\eta_1 + \eta_2 g(x^k)))$$

$$+ G(\eta_1 + \eta_2 g(x^k)) \cdot \sum_{i=1}^{l} \{ w_i(j) \cdot [-0.5 - 0.5 \log(2\pi) $$

$$- 0.5 \log \varphi_i(\boldsymbol{f}(x)' \boldsymbol{\alpha}^{(l+i)})] \}, \tag{3.41}$$

$$f_2(\boldsymbol{\beta}) = p(Z_{x^k} = 1 | \boldsymbol{\beta}, x^k) \cdot \log p(Z_{x^k} = 1 | x^k)$$

$$+ p(Z_{x^k} = 0 | \boldsymbol{\beta}, x^k) \cdot \log p(Z_{x^k} = 0 | x^k)$$

$$+ p(Z_{x^k} = 1 | \boldsymbol{\beta}, x^k) \cdot \sum_{i=1}^{l} \left\{ w_i(j) \cdot \int_{\mathcal{E}_i} \log[p(e_{ix^k} | Z_{x^k} = 1, x^k)] \right.$$

$$\left. \cdot p(e_{ix^k} | Z_{x^k} = 1, \boldsymbol{\beta}, x^k) \, de_{ix^k} \right\}$$

$$= G(\eta_1 + \eta_2 g(x^k)) \cdot \log p(Z_{x^k} = 1 | \boldsymbol{\beta}, x^k)$$

$$+ (1 - G(\eta_1 + \eta_2 g(x^k))) \cdot \log p(Z_{x^k} = 0 | x^k)$$

$$+ G(\eta_1 + \eta_2 g(x^k)) \cdot \sum_{i=1}^{l} \left\{ w_i(j) \cdot \int_{\mathcal{E}_i} \log[p(e_{ix^k} | Z_{x^k} = 1, x^k)] \right.$$

$$\cdot\, p(e_{ix^k}|Z_{x^k}=1,\boldsymbol{\beta},x^k)\,de_{ix^k}\Big\}. \tag{3.42}$$

给定 $\boldsymbol{\beta}\in\{\boldsymbol{\beta}^1,\cdots,\boldsymbol{\beta}^m\}$, (3.41) 中 $f_1(\boldsymbol{\beta})$ 很容易计算. 对于 (3.42) 中 $f_2(\boldsymbol{\beta})$, 可以分解成下面的 $(2+2l)$ 小项:

$$p(Z_{x^k}=1|x^k),$$

$$p(Z_{x^k}=0|x^k),$$

$$p(e_{1x^k}|Z_{x^k}=1,x^k),$$

$$\vdots$$

$$p(e_{lx^k}|Z_{x^k}=1,x^k),$$

$$\int_{\mathcal{E}_1}\log p(e_{1x^k}|Z_{x^k}=1,x^k)\,p(e_{1x^k}|\boldsymbol{\beta},Z_{x^k}=1,x^k)\,de_{1x^k},$$

$$\vdots$$

$$\int_{\mathcal{E}_l}\log[p(e_{lx^k}|Z_{x^k}=1,x^k)]\,p(e_{lx^k}|\boldsymbol{\beta},Z_{x^k}=1,x^k)\,de_{lx^k}.$$

前面的 $(2+l)$ 项是 $p(Z_{x^k}=1|\boldsymbol{\beta},x^k),p(Z_{x^k}=0|\boldsymbol{\beta},x^k),p(e_{1x^k}|\boldsymbol{\beta},Z_{x^k}=1,x^k),\cdots,$ $p(e_{lx^k}|\boldsymbol{\beta},Z_{x^k}=1,x^k)$ 对 $\boldsymbol{\beta}$ 进行积分的边际密度, 可以通过 DoIt 方法来计算. 最后的 l 项是一维积分, 我们用传统的数值方法, 比如高斯积分[39] 来计算. SI-最优设计的算法步骤见算法 3.3 所示.

算法 3.3　　SI-最优设计算法

1: **输入**: 先验分布 $p(\boldsymbol{\beta})$, 实验样本量 n

2: **输出**: 样本量为 n 的优化序贯设计

3: 从先验分布 $p(\boldsymbol{\beta})$ 抽取容量为 N 的样本 $\boldsymbol{\beta}_{00}^1,\boldsymbol{\beta}_{00}^2,\cdots,\boldsymbol{\beta}_{00}^N$, 在空间 $[0.0001,0.9999]^K$ 中生成一个包含 K 个点的拉丁超立方设计 $\boldsymbol{x}_0=(x_0{}^1,\cdots,x_0{}^K)$

4: 令 $j=0$

5: **while** $j\leqslant n$ **do**

6: 　　将 $C=\{\boldsymbol{\beta}_{00}^1,\boldsymbol{\beta}_{00}^2,\cdots,\boldsymbol{\beta}_{00}^N\}$ 作为候选点集, 生成一个服从 $p(\boldsymbol{\beta}|\boldsymbol{y}^{(j)},\boldsymbol{x}^{(j)})$ 包含 m 个点的最小能量设计 $\boldsymbol{\beta}_0^1,\boldsymbol{\beta}_0^2,\cdots,\boldsymbol{\beta}_0^m$, 其中 $p(\boldsymbol{\beta}|\boldsymbol{y}^{(j)},\boldsymbol{x}^{(j)})$ 正比于 $p(\boldsymbol{\beta})p(\boldsymbol{y}_1|\boldsymbol{\beta},x_1)\cdots p(\boldsymbol{y}_j|\boldsymbol{\beta},x_j)$

7: 　　利用 DoIt 方法近似 $p(\boldsymbol{\beta}|\boldsymbol{y}^{(j)},\boldsymbol{x}^{(j)})$

8: 　　计算后验均值 $\hat{\boldsymbol{\beta}}_j$

9: 　　将 $\boldsymbol{x}_0$ 线性变换到 $\boldsymbol{x}_j=(x^1,\cdots,x^K)$ 使其落在 $\left[g^{-1}\left(-\dfrac{\hat{\eta}_{1,j}}{\hat{\eta}_{2,j}}-\dfrac{5}{\hat{\eta}_{2,j}}\right),g^{-1}\left(-\dfrac{\hat{\eta}_{1,j}}{\hat{\eta}_{2,j}}+\dfrac{5}{\hat{\eta}_{2,j}}\right)\right]^K$ 区域上.

10: 　　**for** $k=1,\cdots,K$ **do**

11: 　　　　**for** $t=1,\cdots,l$ **do**

12:         利用 DoIt 方法计算 $E_{\boldsymbol{\beta}|\boldsymbol{y}^{(j)}, \boldsymbol{x}^{(j)}}[p(e_{tx^k}|\boldsymbol{\beta}, Z_{x^k} = 1, x^k)]$

13:     **end for**

14:     **for** $i = 1, \cdots, m$ **do**

15:         **for** $t = 1, \cdots, l$ **do**

16:         计算 $\displaystyle\int_{\mathcal{E}_t} \log p(e_{tx^k}|Z_{x^k} = 1, x^k)\, p(e_{tx^k}|\boldsymbol{\beta}_0^i, Z_{x^k} = 1, x^k)\, de_{tx^k}$

17:         **end for**

18:         计算 $f^W(\boldsymbol{\beta}_0^i)$

19:     **end for**

20:     根据公式 (3.40), 利用 DoIt 方法计算 $U^W(x^k|\boldsymbol{y}^{(j)}, \boldsymbol{x}^{(j)})$ 并记其为 $\hat{U}^W(x^k|\boldsymbol{y}^{(j)}, \boldsymbol{x}^{(j)})$

21:     **end for**

22:     基于 $(x^k, \hat{U}^W(x^k|\boldsymbol{y}^{(j)}, \boldsymbol{x}^{(j)}))$, $k=1, \cdots, K$, 拟合获得 $\tilde{U}^W(x^k|\boldsymbol{y}^{(j)}, \boldsymbol{x}^{(j)})$

23:     利用全局优化算法最大化 $\tilde{U}^W(x^k|\boldsymbol{y}^{(j)}, \boldsymbol{x}^{(j)})$ 获得 x_{j+1}

24: **end while**

3.3.5.3 贝叶斯 D-最优设计算法

在贝叶斯 D-最优设计中, 用

$$\phi(\boldsymbol{x}) = \int_{\mathcal{B}} \log \det I(\boldsymbol{\beta}, \boldsymbol{x}) p(\boldsymbol{\beta})\, d\boldsymbol{\beta}$$

近似 $U(\boldsymbol{x})$. 假设已获得前 j 次试验的水平和响应结果, $\boldsymbol{x}^{(j)} = (x_1, \cdots, x_j)'$, $\boldsymbol{y}^{(j)} = (\boldsymbol{y}_1, \cdots, \boldsymbol{y}_j)'$, 序贯贝叶斯 D-最优设计选择第 $j + 1$ 次试验的水平 x_{j+1} 为 (3.36) 的最大值点, 即

$$x_{j+1} = \arg\max_{x \in \mathcal{X}} \phi(x|\boldsymbol{y}^{(j)}, \boldsymbol{x}^{(j)}),$$

其中

$$
\begin{aligned}
&\phi(x|\boldsymbol{y}^{(j)}, \boldsymbol{x}^{(j)}) \\
&= \int_{\mathcal{B}} \log \det I(\boldsymbol{\beta}, \boldsymbol{x}^{(j)}, x) p(\boldsymbol{\beta}|\boldsymbol{y}^{(j)}, \boldsymbol{x}^{(j)})\, d\boldsymbol{\beta} \\
&= E_{\boldsymbol{\beta}|\boldsymbol{y}^{(j)}, \boldsymbol{x}^{(j)}}[f(\boldsymbol{\beta})],
\end{aligned}
\tag{3.43}
$$

$$I(\boldsymbol{\beta}, \boldsymbol{x}^{(j)}, x)_{st} = -E\left[\sum_{i=1}^{j} \frac{\partial^2 \log p(\boldsymbol{y}_i|\boldsymbol{\beta}, x_i)}{\partial \beta_s \partial \beta_t} + \frac{\partial^2 \log p(\boldsymbol{y}|\boldsymbol{\beta}, x)}{\partial \beta_s \partial \beta_t}\right].$$

$$f(\boldsymbol{\beta}) = \log \det I(\boldsymbol{\beta}, \boldsymbol{x}^{(j)}, x).$$

我们可以将 $p(\boldsymbol{\beta}|\boldsymbol{y}^{(j)},\boldsymbol{x}^{(j)})$ 近似为混合正态分布, 应用 DoIt 算法计算上述积分. 相应的贝叶斯 D-最优设计的步骤见算法 3.4.

算法 3.4 贝叶斯 D-最优设计算法

1: **输入**: 先验分布 $p(\boldsymbol{\beta})$, 试验样本量 n
2: **输出**: 样本量为 n 的贝叶斯优化序贯设计
3: 从 $p(\boldsymbol{\beta})$ 中抽取样本量为 N 的样本 $\boldsymbol{\beta}_{00}^1,\boldsymbol{\beta}_{00}^2,\cdots,\boldsymbol{\beta}_{00}^N$, 令 $j=0$
4: **while** $j \leqslant n$ **do**
5:     将 $C = \{\boldsymbol{\beta}_{00}^1,\boldsymbol{\beta}_{00}^2,\cdots,\boldsymbol{\beta}_{00}^N\}$ 作为候选点集, 生成一个服从 $p(\boldsymbol{\beta}|\boldsymbol{y}^{(j)},\boldsymbol{x}^{(j)})$ 且包含 m 个点的最小能量设计 $\boldsymbol{\beta}_0^1,\boldsymbol{\beta}_0^2,\cdots,\boldsymbol{\beta}_0^m$, 其中 $p(\boldsymbol{\beta}|\boldsymbol{y}^{(j)},\boldsymbol{x}^{(j)})$ 正比于 $p(\boldsymbol{\beta})p(\boldsymbol{y}_1|\boldsymbol{\beta},x_1)\cdots p(\boldsymbol{y}_j|\boldsymbol{\beta},x_j)$
6:     利用 DoIt 方法近似 $p(\boldsymbol{\beta}|\boldsymbol{y}^{(j)},\boldsymbol{x}^{(j)})$
7:     计算后验均值 $\hat{\boldsymbol{\beta}}_j$
8:     更新试验区域为 $\left[g^{-1}\left(-\dfrac{\hat{\eta}_{1,j}}{\hat{\eta}_{2,j}} - \dfrac{5}{\hat{\eta}_{2,j}}\right), g^{-1}\left(-\dfrac{\hat{\eta}_{1,j}}{\hat{\eta}_{2,j}} + \dfrac{5}{\hat{\eta}_{2,j}}\right) \right]$
9:     更新 $\phi(x|\boldsymbol{y}^{(j)},\boldsymbol{x}^{(j)}) = E_{\boldsymbol{\beta}|\boldsymbol{y}^{(j)},\boldsymbol{x}^{(j)}}[f(\boldsymbol{\beta})]$, 其中 $E_{\boldsymbol{\beta}|\boldsymbol{y}^{(j)},\boldsymbol{x}^{(j)}}[f(\boldsymbol{\beta})]$ 可以用 DoIt 方法计算获得
10:    利用全局优化算法最大化 $\phi(x|\boldsymbol{y}^{(j)},\boldsymbol{x}^{(j)})$ 来获得 x_{j+1}
11: **end while**

3.3.6 模拟研究

在模拟研究中, 相关的函数和参数为

$$g(x)=\log(x), \quad G(\cdot)=\Phi(\cdot),$$
$$\boldsymbol{\eta}=(4.459,3.756)',$$
$$\boldsymbol{f}(x)=(1,x)',$$
$$\varphi_1(x)=x, \quad \varphi_2(x)=\exp(x),$$
$$\boldsymbol{\alpha}^{(1)}=(0.800,0)',$$
$$\boldsymbol{\alpha}^{(2)}=(3.175,-3.174)',$$
$$\boldsymbol{\alpha}^{(3)}=(1/198.049,0)',$$
$$\boldsymbol{\alpha}^{(4)}=(1.371,-10.398)', \tag{3.44}$$

其中 $\Phi(\cdot)$ 是标准正态分布. 容易看到, 成功响应概率 $P(Z_x=1,e_1\leqslant E_x\leqslant e_2)$ 是一个倒 U 形函数, 如图 3.22 所示. 我们的目标是估计 x_{p1} 和 x_{p2} 满足

$$P(Z_{x_{pi}}=1,e_{11}\leqslant E_{1x_{pi}}\leqslant e_{12},E_{2x_{pi}}\geqslant e_{22})=p, \quad i=1,2,$$

其中, $e_{11} = 0.60, e_{12} = 0.95, e_{22} = 1$.

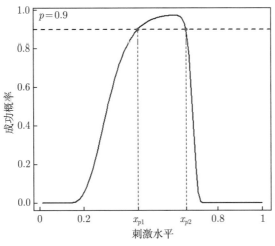

图 3.22 成功响应概率曲线

3.3.6.1 先验信息

在模拟中, 样本量 $n = 30$, $p = 0.1, 0.2, 0.3, 0.4, 0.5, 0.6, 0.7, 0.8, 0.9$. 我们考虑如下三种先验信息.

(1) 无偏先验分布. 正如文献 [9] 所述, 在位置-刻度族分布中, 位置参数的先验分布经常取为正态分布, 刻度参数的先验分布经常取为逆伽马分布, 记为 $\mathrm{IG}(a, b)$, 其中 a 为形状参数, b 为刻度参数. 令这些先验分布的均值为参数真值, 标准差由历史数据估计所得, 即 $\eta_1 \sim N(4.459, 0.399^2), \eta_2 \sim N(3.756, 0.498^2), \alpha_1^{(1)} \sim N(0.800, 0.022^2), \alpha_2^{(1)} = 0, \alpha_1^{(2)} \sim N(3.175, 0.266^2), \alpha_2^{(2)} \sim N(-3.174, 0.238^2), \alpha_1^{(3)} \sim \mathrm{IG}(a = 392.236, b = 0.505), \alpha_2^{(3)} = 0, \alpha_1^{(4)} \sim N(1.371, 0.199^2), \alpha_2^{(4)} \sim N(-10.398, 1.070^2)$.

(2) 随机有偏先验分布. 在该先验中, 除 $\alpha_2^{(1)}$ 和 $\alpha_2^{(3)}$ 外, 其余 8 个参数的先验均值相比于真值存在随机偏差 $\pm 0.15 \times$ sd (标准差). 即 $\eta_1 \sim N(4.399, 0.399^2)$, $\eta_2 \sim N(3.830, 0.498^2), \alpha_1^{(1)} \sim N(0.797, 0.022^2), \alpha_2^{(1)} = 0, \alpha_1^{(2)} \sim N(3.135, 0.266^2)$, $\alpha_2^{(2)} \sim N(-3.138, 0.238^2), \alpha_1^{(3)} \sim \mathrm{IG}(a = 398.200, b = 0.501), \alpha_2^{(3)} = 0, \alpha_1^{(4)} \sim N(1.341, 0.199^2), \alpha_2^{(4)} \sim N(-10.237, 1.070^2)$.

(3) 无信息先验. 基于历史数据 $(\boldsymbol{X}_i, \boldsymbol{y}_i), i = 1, 2, \cdots, 7$, 我们取通过 Fisher 信息矩阵 $I(\boldsymbol{\beta})$ 定义的 Jeffreys 先验分布

$$\pi_J(\boldsymbol{\beta}) = |I(\boldsymbol{\beta})|^{\frac{1}{2}},$$

其中

$$I(\boldsymbol{\beta})_{ij} = -E_{\boldsymbol{\beta}}\left[\frac{\partial^2 \log p(\boldsymbol{y}|\boldsymbol{\beta})}{\partial \beta_i \partial \beta_j}\right].$$

容易验证 $\boldsymbol{\beta}$ 的 Jeffreys 先验为

$$\pi_J(\boldsymbol{\beta}) = \sqrt{\det\left(\sum_{i=1}^{7}\left[\frac{\phi^2(\eta_1+\eta_2\log x_i)}{\Phi(\eta_1+\eta_2\log x_i)(1-\Phi(\eta_1+\eta_2\log x_i))}\right]\begin{pmatrix}1 & \log x_i \\ \log x_i & \log^2 x_i\end{pmatrix}\right)}$$

$$\times \sqrt{1/\alpha_1^{(3)}} \times \sum_{i=1}^{7}\Phi(\eta_1+\eta_2\log x_i) \times \alpha_1^{(3)2}\Big/ 2\sum_{i=1}^{7}\Phi(\eta_1+\eta_2\log x_i)$$

$$\times \sqrt{\det\left(\sum_{i=1}^{7}\left[\frac{\Phi(\eta_1+\eta_2\log x_i)}{\left(\exp\left(\alpha_1^{(4)}+\alpha_2^{(4)}x_i\right)\right)}\right]\begin{pmatrix}1 & x_i \\ x_i & x_i^2\end{pmatrix}\right)}$$

$$\times \sqrt{\det\left(\sum_{i=1}^{7}\Phi(\eta_1+\eta_2\log x_i)\begin{pmatrix}1 & \log x_i \\ \log x_i & \log^2 x_i\end{pmatrix}\right)}.$$

3.3.6.2　模拟结果

在模拟参数下, 根据 3.3.5 节中的 SI-最优设计和贝叶斯 D-最优设计产生数据, 获得 η_1, η_2, $\alpha_1^{(1)}$, $\alpha_1^{(2)}$, $\alpha_2^{(2)}$, $\alpha_1^{(3)}$, $\alpha_1^{(4)}$, $\alpha_2^{(4)}$ 的后验期望 $\hat{\eta}_1$, $\hat{\eta}_2$, $\hat{\alpha}_1^{(1)}$, $\hat{\alpha}_1^{(2)}$, $\hat{\alpha}_2^{(2)}$, $\hat{\alpha}_1^{(3)}$, $\hat{\alpha}_1^{(4)}$, $\hat{\alpha}_2^{(4)}$, 由此求出方程

$$\Phi(\hat{\eta}_1+\hat{\eta}_2\log x)\cdot[\Phi(e_2;\hat{\alpha}_1^{(1)},\hat{\alpha}_1^{(3)})-\Phi(e_1;\hat{\alpha}_1^{(1)},\hat{\alpha}_1^{(3)})]$$

$$\cdot\left[1-\Phi\big(l;\hat{\alpha}_1^{(2)}+\hat{\alpha}_2^{(2)}x, \exp\left(\hat{\alpha}_1^{(4)}+\hat{\alpha}_2^{(4)}x\right)\big)\right] = p$$

的两个根, 将它们分别作为 x_{p1} 和 x_{p2} 的估计.

我们将上述过程重复 500 次, 分别计算 $\hat{x}_{p1}$ 和 $\hat{x}_{p2}$ 的 RMSE, 以及两个估计的综合均方误差平方根,

$$\mathrm{RRMSE}_1 = \sqrt{\frac{1}{500}\sum_{s=1}^{500}\left(\frac{x_{p1}-\hat{x}_{p1}^s}{x_{p1}}\right)^2},$$

$$\text{RRMSE}_2 = \sqrt{\frac{1}{500}\sum_{s=1}^{500}\left(\frac{x_{p2}-\hat{x}_{p2}^s}{x_{p2}}\right)^2},$$

$$\text{RRMSE} = \sqrt{\frac{1}{500}\sum_{s=1}^{500}\left[\left(\frac{x_{p2}-\hat{x}_{p2}^s}{x_{p2}}\right)^2+\left(\frac{x_{p1}-\hat{x}_{p1}^s}{x_{p1}}\right)^2\right]}.$$

图 3.23 给出了分别利用贝叶斯 D-最优设计和 SI-最优设计获得的试验刺激水平序列. 图中实心三角表示二元响应结果为 1, 空心的三角表示二元响应结果为 0. 从图中, 我们不难发现这两种方法获得的二元响应结果为 0 的试验刺激水平个数是相近的. 然而, SI-最优设计是在试验的初期获得平衡的二元响应结果, 然后选择能够最大化获取连续响应信息的试验刺激水平 (二元响应结果为 1). 贝叶斯 D-最优设计获得的试验刺激水平基本围绕在四条线附近.

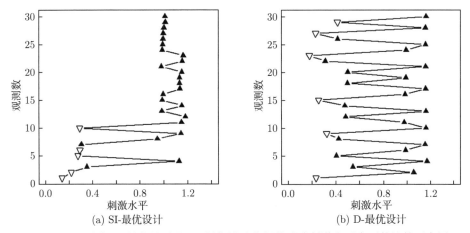

图 3.23　贝叶斯 D-最优设计和 SI-最优设计获得的试验刺激水平序列的比较示意图

(a) SI-最优设计获得的样本量为 30 的试验水平序列; (b) 贝叶斯 D-最优设计获得的样本量为 30 的试验水平序列

利用 SI-最优设计和贝叶斯 D-最优设计估计广义分位数 x_{p1} 和 x_{p2} 的结果见表 3.9 和表 3.10. 从表中, 我们不难发现在三种先验条件下, 这两种方法估计广义分位数的效果均不错. 广义分位数估计 $\hat{x}_{p1}$ 和 $\hat{x}_{p2}$ 的箱线图见图 3.24~ 图 3.25. 从图中可以看出, 在 Jeffreys 无信息先验下, 两种方法的估计效果均比其他先验下的估计效果差.

在无偏先验分布情形下, SI-最优设计略优于贝叶斯 D-最优设计. 其他先验条件下, SI-最优设计和贝叶斯 D-最优设计的估计效果相近.

表 3.9　三种先验条件下, 利用 SI-最优设计估计 $\hat{x}_{p1}$ 和 $\hat{x}_{p2}$ 的偏差和均方误差根, 其中, $p = 0.1, 0.3, \cdots, 0.9$, $n = 30, e_{11} = 0.60, e_{12} = 0.95, e_{22} = 1$

	p	0.1	0.3	0.5	0.7	0.9
	x_{p1}	0.2179	0.2668	0.3073	0.3547	0.4421
	x_{p2}	0.7055	0.6938	0.6848	0.6746	0.6563
RBias$_1$	先验 1	0.0052	0.0049	0.0045	0.0041	0.0043
	先验 2	0.0446	0.0402	0.0368	0.0327	0.0230
	先验 3	0.1839	0.1552	0.1330	0.1140	0.0907
RBias$_2$	先验 1	0.0118	0.0055	−0.0002	−0.0075	−0.0245
	先验 2	0.0060	0.0004	−0.0044	−0.0106	−0.0236
	先验 3	0.0078	0.0030	−0.0013	−0.0071	−0.0210
RRMSE$_1$	先验 1	0.0210	0.0189	0.0175	0.0160	0.0141
	先验 2	0.0460	0.0414	0.0379	0.0338	0.0242
	先验 3	0.2455	0.2071	0.1789	0.1544	0.1243
RRMSE$_2$	先验 1	0.0119	0.0057	0.0020	0.0079	0.0247
	先验 2	0.0064	0.0023	0.0051	0.0109	0.0239
	先验 3	0.0134	0.0090	0.0084	0.0132	0.0307
RRMSE	先验 1	0.0242	0.0198	0.0176	0.0178	0.0285
	先验 2	0.0464	0.0415	0.0383	0.0355	0.0340
	先验 3	0.2458	0.2073	0.1791	0.1549	0.1280

表 3.10　三种先验条件下, 利用贝叶斯 D-最优设计方法估计 $\hat{x}_{p1}$ 和 $\hat{x}_{p2}$ 的偏差和均方误差根, 其中, $p = 0.1, 0.3, \cdots, 0.9$, $n = 30, e_{11} = 0.60, e_{12} = 0.95, e_{22} = 1$

	p	0.1	0.3	0.5	0.7	0.9
	x_{p1}	0.2179	0.2668	0.3073	0.3547	0.4421
	x_{p2}	0.7055	0.6938	0.6848	0.6746	0.6563
RBias$_1$	先验 1	0.0014	0.0013	0.0011	0.0008	0.0013
	先验 2	0.0426	0.0384	0.0352	0.0313	0.0221
	先验 3	0.1811	0.1552	0.1394	0.1216	0.1011
RBias$_2$	先验 1	0.0119	0.0054	−0.0003	−0.0078	−0.0252
	先验 2	0.0062	0.0007	−0.0040	−0.0100	−0.0228
	先验 3	0.0071	0.0019	−0.0024	−0.0082	−0.0220
RRMSE$_1$	先验 1	0.0297	0.0268	0.0248	0.0228	0.0200
	先验 2	0.0447	0.0404	0.0370	0.0330	0.0239
	先验 3	0.2335	0.1985	0.1772	0.1539	0.1275
RRMSE$_2$	先验 1	0.0121	0.0059	0.0024	0.0083	0.0255
	先验 2	0.0067	0.0026	0.0049	0.0105	0.0231
	先验 3	0.0125	0.0080	0.0078	0.0129	0.0312
RRMSE	先验 1	0.0320	0.0274	0.0249	0.0243	0.0324
	先验 2	0.0452	0.0405	0.0373	0.0347	0.0333
	先验 3	0.2338	0.1986	0.1774	0.1544	0.1312

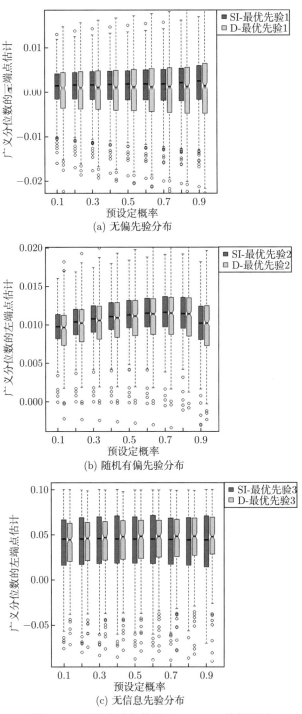

(a) 无偏先验分布

(b) 随机有偏先验分布

(c) 无信息先验分布

图 3.24　三种先验条件下, $\hat{x}_{p1} - x_{p1}$ 的箱线图

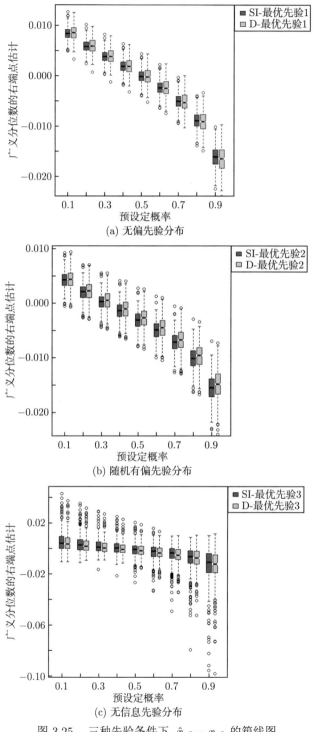

图 3.25　三种先验条件下, $\hat{x}_{p2} - x_{p2}$ 的箱线图

第 4 章　响应分布拟合方法

在前几章介绍的敏感性试验设计和广义敏感性试验设计方法中, 响应分布类型是非常重要的基础. 本章介绍响应分布拟合方法, 包括图方法和拟合优度检验方法. 在实际应用中, 数据有时来自同型号不同批次的产品, 有的批次相隔时间比较长, 由于原材料的差异, 这些数据未必来自同一总体. 在合并使用数据之前, 需要检验这些数据是否来自同一总体. 本章也将给出检验同型不同批次响应数据是否来自同一总体的方法.

4.1　图　　方　　法

图方法是选择敏感性试验响应分布类型的一种基本方法, 其思想是应用最小二乘方法初步估计响应分布的参数, 给出响应分布的拟合曲线, 将获得响应分布曲线与数据对应的响应频率散点图进行比较, 选出最接近散点图的曲线作为响应分布曲线. 也可以应用以下针对分位数的图方法. 假设收集到的试验数据为

$$\begin{pmatrix} x_1 & x_2 & \cdots & x_m \\ (n_1, s_1) & (n_2, s_2) & \cdots & (n_m, s_m) \end{pmatrix},$$

其中, x_i 是敏感性试验的第 i 个刺激水平, n_i 是第 i 个刺激水平下试验的样品数, s_i 是试验结果为响应 $(y_i = 1)$ 的个数, $N = \sum_{i=1}^{m} n_i$.

(1) **正态分布**.

正态分布 $N(\mu, \sigma)$ 的分布函数为

$$F(x; \mu, \sigma) = \int_{-\infty}^{x} \frac{1}{\sqrt{2\pi}\sigma} \exp\left\{ -\frac{(t-\mu)^2}{2\sigma^2} \right\} dt = \Phi\left(\frac{x-\mu}{\sigma} \right),$$

其中 $\Phi(\cdot)$ 是标准正态的分布函数, μ 和 $\sigma > 0$ 是未知参数. 在 x_i 水平下进行试验, 结果为响应的概率为 $p_i = \Phi\left(\frac{x_i - \mu}{\sigma} \right)$. 因此, 标准正态分布对应的 p 分位数 ξ_p 满足

$$\xi_{p_i} = \frac{x_i - \mu}{\sigma} = \frac{1}{\sigma}x_i - \frac{\mu}{\sigma}.$$

基于试验数据, 采用频率近似概率的思想可得 $(\xi_{\frac{s_i}{n_i}}, x_i)$, $i = 1, 2, \cdots, m$ 应该满足

$$\xi_{\frac{s_i}{n_i}} = \frac{1}{\sigma}x_i - \frac{\mu}{\sigma}.$$

(2) **对数正态分布**.

对数正态分布 $\log N(\mu, \sigma)$ 的分布函数为

$$F(x; \mu, \sigma) = \int_{-\infty}^{\ln x} \frac{1}{\sqrt{2\pi}\sigma} \exp\left\{-\frac{(t-\mu)^2}{2\sigma^2}\right\} dt = \Phi\left(\frac{\ln x - \mu}{\sigma}\right),$$

其中 μ 和 $\sigma > 0$ 是未知参数. 在 x_i 水平下进行试验, 结果为响应的概率为 $p_i = \Phi\left(\dfrac{\ln x_i - \mu}{\sigma}\right)$, 因此对应的 p_i 分位数 ξ_{p_i} 满足

$$\xi_{p_i} = \frac{\ln x_i - \mu}{\sigma} = \frac{1}{\sigma}\ln x_i - \frac{\mu}{\sigma}.$$

基于试验数据, 采用频率近似概率的思想可得 $(\xi_{\frac{s_i}{n_i}}, x_i)$, $i = 1, 2, \cdots, m$ 应该满足

$$\xi_{\frac{s_i}{n_i}} = \frac{1}{\sigma}\ln x_i - \frac{\mu}{\sigma}.$$

(3) **Logistic 分布**.

Logistic 分布 $\mathrm{LG}(\mu, \sigma)$ 的分布函数为

$$F(x; \mu, \sigma) = \frac{1}{1 + \exp\left\{-\dfrac{x - \mu}{\sigma}\right\}},$$

其中 μ 和 $\sigma > 0$ 是未知参数. 在 x_i 水平下进行试验, 结果为响应的概率为 $p_i = F(x_i; \mu, \sigma)$, 整理可以得到

$$\ln \frac{p_i}{1 - p_i} = \frac{1}{\sigma}x_i - \frac{\mu}{\sigma}.$$

采用频率近似概率的思想可得 $\left(\dfrac{s_i}{n_i}, x_i\right)$, $i = 1, 2, \cdots, m$ 应该满足

$$\ln \frac{s_i}{n_i - s_i} = \frac{1}{\sigma}x_i - \frac{\mu}{\sigma}.$$

其他响应分布类型的图方法构造过程与上述几种常见的响应分布类型的构造类似, 这里不再做过多的赘述.

例4.1　为了解某型号针刺雷管的响应分布, 某工厂进行了步进法的敏感性试验, 分别在 $1.1, 1.43, 1.7, 2.0, 2.3, 2.6, 2.9, 3.2, 3.5, 3.8, 4.1, 4.4$ 刺激水平 (单位: cm) 下进行试验, 获得的数据如表 4.1 所示.

表 4.1 某针刺雷管敏感性试验数据

刺激水平/cm	1.1	1.43	1.7	2.0	2.3	2.6	2.9	3.2	3.5	3.8	4.1	4.4
试验量	800	400	200	200	200	200	200	200	200	200	400	800
响应个数	1	5	22	60	97	124	149	178	182	193	396	795

应用图方法拟合常用的响应分布并与散点图进行比较, 参数极大似然估计的结果见表 4.2, 拟合分布曲线和散点图对比结果见图 4.1.

表 4.2 响应分布对应的参数估计

分布类型	参数	参数估计
正态分布	μ	2.4973
	σ	0.6357
对数正态分布	μ	0.8628
	σ	0.2561
Logistic 分布	μ	2.4698
	σ	0.3460
对数 Logistic 分布	μ	0.8631
	σ	0.1411

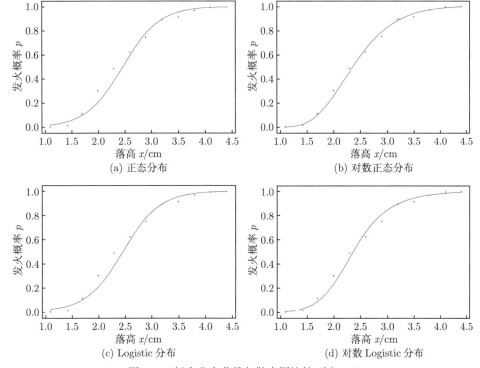

图 4.1 拟合分布曲线与散点图比较 (例 4.1)

经过比较, 选择对数正态分布作为该型号针刺雷管的响应分布. 基于试验数据获得的响应分布曲线如图 4.1(b) 所示.

4.2 拟合优度检验

在实际应用中, 经常会遇到各分布类型的拟合曲线和散点图都比较接近的情况, 此时就需要具体量化数据与所选模型的 "拟合" 程度, 即所谓的 "拟合优度检验". 其基本思想是: 构造一个合适的指标 $d \geqslant 0$ 来度量数据与模型之间的差距, d 越小说明数据和模型的拟合程度越好, 即模型越可以被接受. 给定试验数据 $\{(x_1, n_1, s_1), \cdots, (x_m, n_m, s_m)\}$, 计算指标 d 的取值 d_m, 并计算概率

$$p = P(d \geqslant d_m | 模型正确).$$

如果 p 值越大说明怀疑模型不正确的理由越不充分; 反之, 如果 p 值越小说明怀疑模型不正确的理由越充分. 如果基于数据计算获得的 p 值小于事先确定好的阈值 (例如 0.05), 就拒绝使用该模型. 注意, 在 p 值大于给定的阈值, 获得的结论也只是 "所得数据不能支持拒绝模型正确". 当有多个模型可用的时候, 最大 p 值对应的那个模型常常被用来对数据进行建模. 选择合适指标 d 是一个重要的问题, 因为 p 值与所选择使用的指标 d 有关. 在实际应用中, 通常选择分布或者极限分布为已知常见分布的统计量作为指标 d. 在本节中, 主要介绍 Pearson 统计量和 Deviance 统计量.

4.2.1 Pearson 统计量

假设收集到的试验数据为

$$\begin{pmatrix} x_1 & x_2 & \cdots & x_m \\ (n_1, s_1) & (n_2, s_2) & \cdots & (n_m, s_m) \end{pmatrix},$$

其中, x_i 是敏感性试验的第 i 个刺激水平, n_i 是第 i 个刺激水平下试验的样品数, s_i 是试验结果为响应 $(y_i = 1)$ 的个数, $N = \sum_{i=1}^{m} n_i$. 令刺激水平 x_i 下试验结果为响应 $(y_i = 1)$ 的概率为 $p_i = P(y_i = 1 | x_i) = F(x_i; \theta)$, 则似然函数可以表示为

$$L(\theta) \propto \prod_{i=1}^{m} p_i^{s_i} (1 - p_i)^{n_i - s_i}.$$

通过最大化上式可以获得参数的极大似然估计 $\hat{\theta}$. 杨振海等[40] 给出该极大似然估计的渐近性质. 首先给出五个对应的条件:

(1) Θ 是 $\mathbb{R}^r$ 的开集;

(2) $\dfrac{\partial p_i}{\partial \theta_j}$, $i = 1, 2, \cdots, m$, $j = 1, 2, \cdots, r$ 在真值 $\theta_0 \in \Theta$ 的某邻域内存在、连续;

(3) $\forall \theta \in \Theta$, 矩阵 $M(\theta)$ 的秩为 r, 其中

$$M(\theta) = \begin{pmatrix} \dfrac{\partial p_1}{\partial \theta_1} & \cdots & \dfrac{\partial p_1}{\partial \theta_r} \\ \vdots & & \vdots \\ \dfrac{\partial p_m}{\partial \theta_1} & \cdots & \dfrac{\partial p_m}{\partial \theta_r} \end{pmatrix};$$

(4) $\lim\limits_{N \to \infty} \dfrac{n_i}{N} = w_i > 0$, $i = 1, 2, \cdots, m$;

(5) $l(\theta) = \ln L(\theta)$ 的极小值在有限区域内达到.

定理 4.1

设响应分布为 $F(x; \theta)$, $(\theta_1, \theta_2, \cdots, \theta_r)' \in \Theta \subset \mathbb{R}^r$. 若上述 (1)~(5) 条件成立, 则有:

(1) $\hat{\theta}_N$ 是 θ_0 的强相合估计, 且 $\|\hat{\theta}_N - \theta\| = o(\sqrt{\log N / N})$, a.s.;

(2) 当 $N \to \infty$ 时, $\sqrt{N}(\hat{\theta}_N - \theta_0) \xrightarrow{L} N(0, M'(\theta)\Lambda(\theta_0)M(\theta_0))$, 其中 $\Lambda(\theta)$ 为对角元为 $w_i/[p_i(1 - p_i)]$ 的对角矩阵, $i = 1, 2, \cdots, m$;

(3) 当 $N \to \infty$ 时, $\chi^2(\hat{\theta}_N)$ 的渐近分布是自由度为 $m - r$ 的 χ^2 分布, 其中

$$\chi^2(\theta) = \sum_{i=1}^m \frac{n_i[\hat{p}_i - p_i]^2}{p_i[1 - p_i]}, \quad \hat{p}_i = \frac{s_i}{n_i}, \quad i = 1, 2, \cdots, m.$$

定理 4.1 的结论 (1) 和 (2) 为参数 θ 的极大似然估计 $\hat{\theta}_N$ 的渐近性质, 结论 (3) 则提供了对分布模型 $F(x; \theta)$ 进行 χ^2 检验的理论依据.

4.2.2 Deviance 统计量

除了 Pearson 统计量, 还可以用 Deviance 统计量作为度量数据与模型之间差异的指标. 同样假设收集到的试验数据为

$$\begin{pmatrix} x_1 & x_2 & \cdots & x_m \\ (n_1, s_1) & (n_2, s_2) & \cdots & (n_m, s_m) \end{pmatrix},$$

其中, x_i 是敏感性试验第 i 个刺激水平, n_i 是第 i 个刺激水平下试验的样品数, s_i 是试验结果为响应 $(y_i = 1)$ 的个数, $N = \sum_{i=1}^m n_i$. 假设在刺激水平 x_i 下试验结

果为响应 $(y_i = 1)$ 的概率为 $p_i = P(y_i = 1|x_i) = G(\beta_0 + \beta_1 x)$, 其中 $G(\cdot)$ 为已知的分布函数 (也经常被称为链接函数), $\boldsymbol{\beta} = (\beta_0, \beta_1)'$ 为未知参数, 则对数似然函数为

$$l(\boldsymbol{\beta}) = \sum_{i=1}^{m} \left\{ s_i \log p_i + (n_i - s_i) \log(1 - p_i) \right\}$$

$$= \sum_{i=1}^{m} \left\{ n_i \xi_i \log \frac{p_i}{1 - p_i} + n_i \log(1 - p_i) \right\}$$

$$= \sum_{i=1}^{m} l_i^*(\xi_i, p_i),$$

其中 $\xi_i = \dfrac{s_i}{n_i}$, $l_i^*(\xi_i, p_i) = n_i \xi_i \log \dfrac{p_i}{1 - p_i} + n_i \log(1 - p_i)$. 根据文献 [41], 定义 Deviance 统计量为

$$\mathrm{DE}_N = 2 \sum_{i=1}^{m} \left[l_i^*(\xi_i, p_i) - l_i^*(\xi_i, \hat{p}_i) \right],$$

其中 $\hat{p}_i = G(\hat{\beta}_0 + \hat{\beta}_1 x_i)$, $\hat{\boldsymbol{\beta}} = (\hat{\beta}_0, \hat{\beta}_1)'$ 是参数的极大似然估计. 陈希儒证明了模型假设正确的时候, 在一定条件下有统计量 DE_N 依分布收敛于 χ^2_{m-2}, 即

$$\mathrm{DE}_N \xrightarrow{d} \chi^2_{m-2}.$$

具体的证明过程详见文献 [41].

例 4.2 某工厂对生产的某型号电雷管进行敏感性试验, 分别在 53, 54, 55, 56, 57, 58, 59, 60, 61, 62 刺激水平 (单位: V) 下进行试验, 获得的数据如表 4.3 所示. 利用图方法获得的不同响应分布类型的拟合曲线和散点图的对比如图 4.2 所示. 通过对比发现, 四种分布类型的拟合曲线和散点图对比差异不是很大.

利用 Pearson 和 Deviance 统计量对该型号电雷管的响应分布进行拟合优度检验, 结果见表 4.4.

表 4.3   某型号电雷管敏感性试验数据

刺激水平/V	53	54	55	56	57	58	59	60	61	62
试验量	300	200	150	150	150	100	100	150	150	300
响应数	9	12	19	43	69	64	80	143	145	296

通过查表可以获得 $\chi^2_{0.05}(8) = 15.5073$, 通过比较 Pearson 统计量和 Deviance 统计量发现该型号电雷管响应分布同时接受了正态分布、对数正态分布、Logistic

分布以及对数 Logistic 分布. 选择统计量对应 p 值最大的 Logistic 分布作为该型号电雷管的响应分布, 根据上述数据拟合的响应分布曲线如图 4.2(c) 所示.

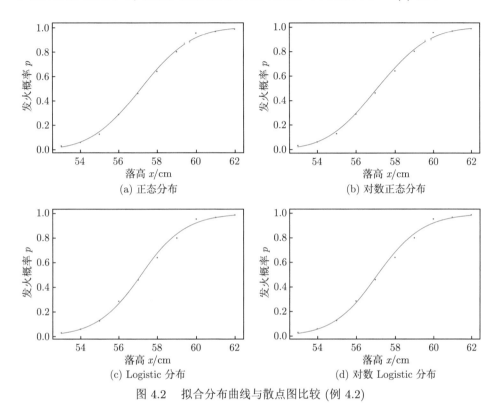

图 4.2　拟合分布曲线与散点图比较 (例 4.2)

表 4.4　**Pearson 和 Deviance 统计量检验结果**

分布类型	$\hat{\mu}$	$\hat{\sigma}$	Pearson 统计量	Deviance 统计量
正态分布	13.6334	1.9545	5.0173	5.3940
对数正态分布	2.5999	0.1422	6.1155	6.4130
Logistic 分布	13.5987	1.0588	3.9222	4.1633
对数 Logistic 分布	2.6004	0.0772	4.9758	5.2338

4.3　同型不同批数据下的拟合优度检验

在实际应用中, 拟合响应分布需要的样本量较大, 经常会使用同一型号不同批次产品的数据. 此时, 需要首先检验同一型号不同批次产品的数据是否来自同一总体, 然后再用来自同一总体的数据拟合响应分布.

设有 k 批响应数据

$$
\begin{pmatrix}
x_1 & x_2 & \cdots & x_m \\
(n_{11}, s_{11}) & (n_{12}, s_{12}) & \cdots & (n_{1m}, s_{1m}) \\
\vdots & \vdots & \ddots & \vdots \\
(n_{k1}, s_{k1}) & (n_{k2}, s_{k2}) & \cdots & (n_{km}, s_{km})
\end{pmatrix},
\tag{4.1}
$$

其中, 第 i 批数据为 $\{(n_{i1}, s_{i1}), (n_{i2}, s_{i2}), \cdots, (n_{im}, s_{im})\}$, n_{ij} 为在试验水平 x_j 下的试验量, s_{ij} 为其中的响应次数, $j = 1, 2, \cdots, m$. 假设第 i 批数据来自响应分布 $F(x, \theta_i)$, $\theta_i = (\theta_{i1}, \theta_{i2}, \cdots, \theta_{ir})$, $r < \min(k, m)$. 令 $p_{ij} = F(x_j, \theta_i)$, $i = 1, 2, \cdots, k$, $j = 1, 2, \cdots, m$.

检验这 k 批响应数据是否来自同一总体, 即作如下检验,

$$\mathrm{H}_0: p_{11} = p_{21} = \cdots = p_{k1} = p_1, \ p_{12} = p_{22} = \cdots = p_{k2} = p_2,$$

$$\cdots, \ p_{1m} = p_{2m} = \cdots = p_{km} = p_m,$$

$$\mathrm{H}_1: 其他情况.$$

定理 4.2

在数据 (4.1) 下, 若 H_0 成立, 则有

$$
\sum_{j=1}^{m} \sum_{i=1}^{k} \frac{\left(n_{ij} \cdot \dfrac{s_{ij}}{n_{ij}} - n_{ij} \cdot \dfrac{s_{1j} + \cdots + s_{kj}}{n_{1j} + \cdots + n_{kj}} \right)^2}{n_{ij} \cdot \dfrac{s_{1j} + \cdots + s_{kj}}{n_{1j} + \cdots + n_{kj}}}
$$

$$
+ \sum_{j=1}^{m} \sum_{i=1}^{k} \frac{\left(n_{ij} \cdot \dfrac{n_{ij} - s_{ij}}{n_{ij}} - n_{ij} \cdot \dfrac{(n_{1j} + \cdots + n_{kj}) - (s_{1j} + \cdots + s_{kj})}{n_{1j} + \cdots + n_{kj}} \right)^2}{n_{i1} \cdot \dfrac{(n_{1j} + \cdots + n_{kj}) - (s_{1j} + \cdots + s_{kj})}{n_{1j} + \cdots + n_{kj}}}
\tag{4.2}
$$

渐近于 $\chi^2_{m(k-1)}$ 分布.

证明   由于各试验水平处的试验是独立进行的, 先对以下检验

$$\mathrm{H}_0': p_{11} = \cdots = p_{k1} = p_1$$

考虑统计量

$$
U = \sum_{i=1}^{k} \frac{\left(n_{i1} \cdot \dfrac{s_{i1}}{n_{i1}} - n_{i1} \cdot \dfrac{s_{11} + \cdots + s_{k1}}{n_{11} + \cdots + n_{k1}} \right)^2}{n_{i1} \cdot \dfrac{s_{11} + \cdots + s_{k1}}{n_{11} + \cdots + n_{k1}}}
$$

$$+ \sum_{i=1}^{k} \frac{\left(n_{i1} \cdot \dfrac{n_{i1} - s_{i1}}{n_{i1}} - n_{i1} \cdot \dfrac{(n_{11} + \cdots + n_{k1}) - (s_{11} + \cdots + s_{k1})}{n_{11} + \cdots + n_{k1}} \right)^2}{n_{i1} \cdot \dfrac{(n_{11} + \cdots + n_{k1}) - (s_{11} + \cdots + s_{k1})}{n_{11} + \cdots + n_{k1}}}.$$

令

$$\hat{p}_{i1} = \frac{s_{i1}}{n_{i1}}, \quad p_1^* = \frac{\sum_{i=1}^{k} s_{i1}}{\sum_{i=1}^{k} n_{i1}},$$

此时有

$$b = \begin{bmatrix} \sqrt{\dfrac{(s_{11} - n_{11}p_1^*)^2}{n_{11}p_1^*(1 - p_1^*)}} \\ \vdots \\ \sqrt{\dfrac{(s_{k1} - n_{k1}p_1^*)^2}{n_{k1}p_1^*(1 - p_1^*)}} \end{bmatrix} = \begin{bmatrix} \dfrac{\sqrt{n_{11}}(\hat{p}_{11} - p_1^*)}{\sqrt{p_1^*(1 - p_1^*)}} \\ \vdots \\ \dfrac{\sqrt{n_{k1}}(\hat{p}_{k1} - p_1^*)}{\sqrt{p_1^*(1 - p_1^*)}} \end{bmatrix} = \begin{bmatrix} \dfrac{\sqrt{n_{11}}(\hat{p}_{11} - p_1)}{\sqrt{p_1^*(1 - p_1^*)}} \\ \vdots \\ \dfrac{\sqrt{n_{k1}}(\hat{p}_{k1} - p_1)}{\sqrt{p_1^*(1 - p_1^*)}} \end{bmatrix}$$

$$- \begin{bmatrix} \dfrac{n_{11}}{n_{11} + \cdots + n_{k1}} & \dfrac{\sqrt{n_{11}n_{21}}}{n_{11} + \cdots + n_{k1}} & \cdots & \dfrac{\sqrt{n_{11}n_{k1}}}{n_{11} + \cdots + n_{k1}} \\ \dfrac{\sqrt{n_{11}n_{21}}}{n_{11} + \cdots + n_{k1}} & \dfrac{n_{21}}{n_{11} + \cdots + n_{k1}} & \cdots & \dfrac{\sqrt{n_{21}n_{k1}}}{n_{11} + \cdots + n_{k1}} \\ \vdots & \vdots & & \vdots \\ \dfrac{\sqrt{n_{11}n_{k1}}}{n_{11} + \cdots + n_{k1}} & \dfrac{\sqrt{n_{21}n_{k1}}}{n_{11} + \cdots + n_{k1}} & \cdots & \dfrac{n_{k1}}{n_{11} + \cdots + n_{k1}} \end{bmatrix}$$

$$\cdot \begin{bmatrix} \dfrac{\sqrt{n_{11}}(\hat{p}_{11} - p_1)}{\sqrt{p_1^*(1 - p_1^*)}} \\ \vdots \\ \dfrac{\sqrt{n_{k1}}(\hat{p}_{k1} - p_1)}{\sqrt{p_1^*(1 - p_1^*)}} \end{bmatrix}.$$

进一步令

$$J = \begin{bmatrix} \dfrac{\sqrt{n_{11}}(\hat{p}_{11} - p_1)}{\sqrt{p_1^*(1 - p_1^*)}} \\ \vdots \\ \dfrac{\sqrt{n_{k1}}(\hat{p}_{k1} - p_1)}{\sqrt{p_1^*(1 - p_1^*)}} \end{bmatrix},$$

$$V = \begin{bmatrix} \dfrac{n_{11}}{n_{11} + \cdots + n_{k1}} & \dfrac{\sqrt{n_{11}n_{21}}}{n_{11} + \cdots + n_{k1}} & \cdots & \dfrac{\sqrt{n_{11}n_{k1}}}{n_{11} + \cdots + n_{k1}} \\[2mm] \dfrac{\sqrt{n_{11}n_{21}}}{n_{11} + \cdots + n_{k1}} & \dfrac{n_{21}}{n_{11} + \cdots + n_{k1}} & \cdots & \dfrac{\sqrt{n_{21}n_{k1}}}{n_{11} + \cdots + n_{k1}} \\[2mm] \vdots & \vdots & & \vdots \\[2mm] \dfrac{\sqrt{n_{11}n_{k1}}}{n_{11} + \cdots + n_{k1}} & \dfrac{\sqrt{n_{21}n_{k1}}}{n_{11} + \cdots + n_{k1}} & \cdots & \dfrac{n_{k1}}{n_{11} + \cdots + n_{k1}} \end{bmatrix},$$

则有

$$VJ = \begin{bmatrix} \dfrac{n_{11}\hat{p}_{11} - n_{11}p_1}{\sqrt{p_1^*(1-p_1^*)}} \dfrac{\sqrt{n_{11}}}{n_{11} + \cdots + n_{k1}} + \cdots + \dfrac{n_{k1}\hat{p}_{k1} - n_{k1}p_1}{\sqrt{p_1^*(1-p_1^*)}} \dfrac{\sqrt{n_{11}}}{n_{11} + \cdots + n_{k1}} \\[3mm] \dfrac{n_{11}\hat{p}_{11} - n_{11}p_1}{\sqrt{p_1^*(1-p_1^*)}} \dfrac{\sqrt{n_{21}}}{n_{11} + \cdots + n_{k1}} + \cdots + \dfrac{n_{k1}\hat{p}_{k1} - n_{k1}p_1}{\sqrt{p_1^*(1-p_1^*)}} \dfrac{\sqrt{n_{21}}}{n_{11} + \cdots + n_{k1}} \\[3mm] \vdots \\[3mm] \dfrac{n_{11}\hat{p}_{11} - n_{11}p_1}{\sqrt{p_1^*(1-p_1^*)}} \dfrac{\sqrt{n_{k1}}}{n_{11} + \cdots + n_{k1}} + \cdots + \dfrac{n_{k1}\hat{p}_{k1} - n_{k1}p_1}{\sqrt{p_1^*(1-p_1^*)}} \dfrac{\sqrt{n_{k1}}}{n_{11} + \cdots + n_{k1}} \end{bmatrix}$$

$$= \begin{bmatrix} \dfrac{(s_{11} + s_{21} + \cdots + s_{k1}) - (n_{11} + \cdots + n_{k1})p_1}{\sqrt{p_1^*(1-p_1^*)}} \dfrac{\sqrt{n_{11}}}{n_{11} + \cdots + n_{k1}} \\[3mm] \dfrac{(s_{11} + s_{21} + \cdots + s_{k1}) - (n_{11} + \cdots + n_{k1})p_1}{\sqrt{p_1^*(1-p_1^*)}} \dfrac{\sqrt{n_{21}}}{n_{11} + \cdots + n_{k1}} \\[3mm] \vdots \\[3mm] \dfrac{(s_{11} + s_{21} + \cdots + s_{k1}) - (n_{11} + \cdots + n_{k1})p_1}{\sqrt{p_1^*(1-p_1^*)}} \dfrac{\sqrt{n_{k1}}}{n_{11} + \cdots + n_{k1}} \end{bmatrix}$$

$$= \begin{bmatrix} \dfrac{\sqrt{n_{11}}(p_1^* - p_1)}{\sqrt{p_1^*(1-p_1^*)}} \\[3mm] \vdots \\[3mm] \dfrac{\sqrt{n_{k1}}(p_1^* - p_1)}{\sqrt{p_1^*(1-p_1^*)}} \end{bmatrix},$$

也即

$$b = J - VJ = (I - V)J = \begin{bmatrix} \dfrac{\sqrt{n_{11}}(\hat{p}_{11} - p_1^*)}{\sqrt{p_1^*(1 - p_1^*)}} \\ \vdots \\ \dfrac{\overline{\sqrt{n_{k1}}(\hat{p}_{k1} - p_1^*)}}{\sqrt{p_1^*(1 - p_1^*)}} \end{bmatrix}.$$

因为当

$$\mathrm{H}_0' : p_{11} = \cdots = p_{k1} = p_1$$

成立时

$$\begin{bmatrix} \dfrac{\sqrt{n_{11}}(\hat{p}_{11} - p_1)}{\sqrt{p_1^*(1 - p_1^*)}} \\ \vdots \\ \dfrac{\sqrt{n_{k1}}(\hat{p}_{k1} - p_1)}{\sqrt{p_1^*(1 - p_1^*)}} \end{bmatrix} - \begin{bmatrix} \dfrac{\sqrt{n_{11}}(\hat{p}_{11} - p_1)}{\sqrt{p_1(1 - p_1)}} \\ \vdots \\ \dfrac{\sqrt{n_{k1}}(\hat{p}_{k1} - p_1)}{\sqrt{p_1(1 - p_1)}} \end{bmatrix} \to o(\Delta \to \infty),$$

这里 $\Delta = \min(n_{11}, n_{21}, \cdots, n_{k1})$.

由于 $\left[\dfrac{\sqrt{n_{11}}(\hat{p}_{11} - p_1)}{\sqrt{p_1(1 - p_1)}}, \cdots, \dfrac{\sqrt{n_{k1}}(\hat{p}_{k1} - p_1)}{\sqrt{p_1(1 - p_1)}} \right]'$ 渐近服从正态分布 $N_k(0, I)$, 所以

$$\left[\dfrac{\sqrt{n_{11}}(\hat{p}_{11} - p_1)}{\sqrt{p_1^*(1 - p_1^*)}}, \cdots, \dfrac{\sqrt{n_{k1}}(\hat{p}_{k1} - p_1)}{\sqrt{p_1^*(1 - p_1^*)}} \right]' \xrightarrow{F} N_k(0, I), \quad \Delta \to \infty,$$

又因为 $(I - V)$ 为对称幂等阵, 且

$$\mathrm{tr}(I - V) = \frac{n_{21} + \cdots + n_{k1}}{n_{11} + \cdots + n_{k1}} + \frac{n_{11} + n_{31} + \cdots + n_{k1}}{n_{11} + \cdots + n_{k1}} + \cdots$$
$$+ \frac{n_{11} + \cdots + n_{(k-1)1}}{n_{11} + \cdots + n_{k1}} = k - 1,$$

所以 $U = b'b - J'(I - V)'(I - V)J = J'(I - V)J$ 渐近于 χ_{k-1}^2 分布. 因为各试验水平下的试验是独立进行的, 故当原假设

$$\mathrm{H}_0 : p_{11} = \cdots = p_{k1}, \cdots, p_{1m} = p_{2m} = \cdots = p_{km}$$

成立时

$$Z = \sum_{j=1}^{m} \sum_{i=1}^{k} \frac{\left(n_{ij} \cdot \dfrac{s_{ij}}{n_{ij}} - n_{ij} \cdot \dfrac{s_{1j} + \cdots + s_{kj}}{n_{1j} + \cdots + n_{kj}} \right)^2}{n_{ij} \cdot \dfrac{s_{1j} + \cdots + s_{kj}}{n_{1j} + \cdots + n_{kj}}}$$

$$+ \sum_{j=1}^{m} \sum_{i=1}^{k} \frac{\left(n_{ij} \cdot \dfrac{n_{ij} - s_{ij}}{n_{ij}} - n_{ij} \cdot \dfrac{(n_{1j} + \cdots + n_{kj}) - (s_{1j} + \cdots + s_{kj})}{n_{1j} + \cdots + n_{kj}} \right)^2}{n_{i1} \cdot \dfrac{(n_{1j} + \cdots + n_{kj}) - (s_{1j} + \cdots + s_{kj})}{n_{1j} + \cdots + n_{kj}}}$$

渐近于 $\chi^2_{m(k-1)}$ 分布.

　　基于以上渐近分布, 可以对同型不同批的数据进行同总体检验. 给定显著性水平 α, 若统计量 Z 的取值大于 $\chi^2_{m(k-1)}$ 分布的上 α 分位数 $\chi^2_{\alpha,m(k-1)}$, 则否定原假设 H_0, 否则接受 H_0. 若经检验, 各批数据来自同一个总体, 可将它们分别进行累加,

$$n_j = \sum_{i=1}^{k} n_{ij}, \quad s_j = \sum_{i=1}^{k} s_{ij},$$

得到新的响应数据 $\{(x_1, n_1, s_1), (x_2, n_2, s_2), \cdots, (x_m, n_m, s_m)\}$. 依据似然函数

$$L(\boldsymbol{\theta}) \propto \prod_{i=1}^{m} p_i^{s_i} (1 - p_i)^{n_i - s_i},$$

$$p_i = F(x_i, \boldsymbol{\theta}), \quad \boldsymbol{\theta} = (\theta_1, \theta_2, \cdots, \theta_r), \quad i = 1, 2, \cdots, m,$$

可以进一步求出参数 $\boldsymbol{\theta} = (\theta_1, \theta_2, \cdots, \theta_r)$ 的极大似然估计 $\hat{\boldsymbol{\theta}}_N$, 其中 $N = \sum_{j=1}^{m} n_j$. 然后, 根据上一节中介绍的 Pearson 统计量或者 Deviance 统计量进行拟合优度检验和模型选择.

　　例 4.3　某工厂对某型针刺火帽进行不同批次的敏感性试验, 试验数据如表 4.5 所示.

　　给定显著性水平 $\alpha = 0.05$, 统计量 Z 的取值为 7.1908, 该值小于 χ^2_{24} 分布的上 α 分位数 $\chi^2_{0.05,24} = 36.415$, 接受 H_0, 即认为各批数据来自同一个总体, 可以将它们分别进行累加, 并进行进一步的响应分布曲线拟合. 首先利用图方法给出不同响应分布类型拟合曲线 (参数估计为极大似然估计, 见表 4.6) 与各刺激水平处响应频率散点图的比较, 结果见图 4.3.

表 4.5 某型针刺火帽不同批次试验数据 (试验量为 2000)

批次	发火频率	试验量	发火频率	试验量	发火频率	试验量
	$x = 0.5$cm		$x = 1.0$cm		$x = 1.5$cm	
1	0.0	100	0.20	50	0.98	50
2	0.0	100	0.24	50	0.80	50
3	0.0	100	0.22	50	0.86	50
4	0.0	100	0.22	50	0.90	50
5	0.0	100	0.28	50	0.92	50
累加	0.0	500	0.232	250	0.892	250
批次	发火频率	试验量	发火频率	试验量	发火频率	试验量
	$x = 2.0$cm		$x = 2.5$cm		$x = 3.0$cm	
1	0.98	50	1.00	50	1.00	100
2	0.98	50	1.00	50	1.00	100
3	1.00	50	1.00	50	1.00	100
4	1.00	50	1.00	50	1.00	100
5	1.00	50	1.00	50	1.00	100
累加	0.992	250	1.00	250	1.00	500

表 4.6 各拟合分布对应的参数估计

分布类型	参数	参数估计
正态分布	μ	1.1985
	σ	0.2587
对数正态分布	μ	0.1523
	σ	0.2105
Logistic 分布	μ	1.1913
	σ	0.1419
对数 Logistic 分布	μ	0.1457
	σ	0.1173

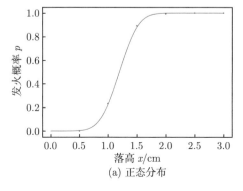

(a) 正态分布

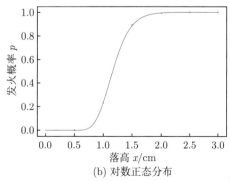

(b) 对数正态分布

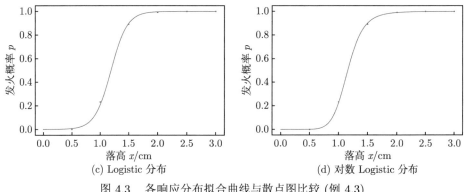

图 4.3　各响应分布拟合曲线与散点图比较 (例 4.3)

经过 4 种响应分布拟合曲线与散点图比较可知, 对数正态分布的拟合曲线最接近响应频率的散点图. 因此, 选定对数正态分布作为响应分布类型, 此时参数的极大似然估计为 $\hat{\mu} = 0.1523$, $\hat{\sigma} = 0.2105$. 利用 Pearson 统计量进行拟合优度检验, 接受响应分布为对数正态分布 (显著性水平 $\alpha = 0.05$), 详细结果见表 4.7.

表 4.7　分布参数的极大似然估计及 χ^2-检验结果

分布类型	参数估计	检验水平	$\chi^2(\hat{\mu}, \hat{\sigma})$	拒绝域临界值
对数正态分布	0.1523 0.2105	0.05	0.5842	$\chi^2_{0.05,4} = 9.4877$

例 4.4　某工厂对某枪弹通用无锈蚀底火进行了大样本的敏感性试验, 试验数据如表 4.8 所示. 给定显著性水平 $\alpha = 0.05$, 统计量 Z 的取值为 90.2594, 该值小于 χ^2_{72} 分布的上 α 分位数 $\chi^2_{0.05,72} = 92.8083$, 认为各批数据来自同一个总体, 可以将它们分别进行累加, 并进行进一步的响应分布曲线拟合.

图 4.4 给出不同响应分布的拟合曲线 (参数估计为极大似然估计, 见表 4.9) 与各刺激水平处响应频率散点图的比较. 经过 4 种分布拟合曲线与散点图比较可知, 对数 Logistic 分布最接近响应分布的散点图. 因此, 选定对数 Logistic 分布作为响应分布, 此时参数的极大似然估计为 $\hat{\mu} = 2.6004$, $\hat{\sigma} = 0.0772$. 利用 Pearson 统计量进行拟合优度检验 (结果见表 4.10), 接受响应分布为对数 Logistic 分布 (显著性水平 $\alpha = 0.05$).

表 4.8 某型号枪弹通用无锈蚀底火敏感性试验数据

批次	发火频率	试验量	发火频率	试验量	发火频率	试验量	发火频率	试验量
	$x=8$cm		$x=10$cm		$x=12$cm		$x=14$cm	
88-10	0	50	3	50	7	50	31	50
88-12	0	50	3	50	9	50	42	50
89-2	0	50	3	50	9	50	35	50
89-3	0	50	0	50	9	50	35	50
91-45	0	50	3	50	12	50	33	50
92-39	0	50	2	50	7	50	32	50
92-94	0	50	1	50	8	50	26	50
92-105	0	50	0	50	8	50	28	50
92-146	0	50	3	50	10	50	26	50
92-147	0	50	0	50	9	50	28	50
92-155	0	50	0	50	7	50	33	50
92-185	0	50	1	50	6	50	30	50
95-5	0	50	0	50	8	50	35	50
累加	0	650	19	650	109	650	414	650
批次	发火频率	试验量	发火频率	试验量	发火频率	试验量	发火频率	试验量
	$x=16$cm		$x=18$cm		$x=20$cm		$x=22$cm	
88-10	46	50	50	50	50	50	50	50
88-12	50	50	49	50	50	50	50	50
89-2	44	50	49	50	50	50	50	50
89-3	42	50	48	50	50	50	50	50
91-45	48	50	49	50	50	50	50	50
92-39	43	50	50	50	50	50	50	50
92-94	41	50	47	50	48	50	50	50
92-105	47	50	49	50	50	50	50	50
92-146	46	50	50	50	50	50	50	50
92-147	45	50	48	50	50	50	50	50
92-155	44	50	49	50	50	50	50	50
92-185	45	50	49	50	50	50	50	50
95-5	41	50	48	50	48	50	50	50
累加	582	650	635	650	646	650	650	650

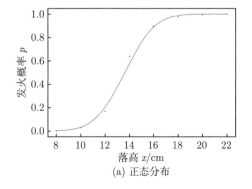

(a) 正态分布

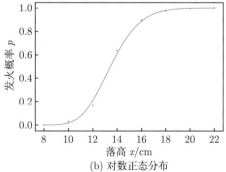

(b) 对数正态分布

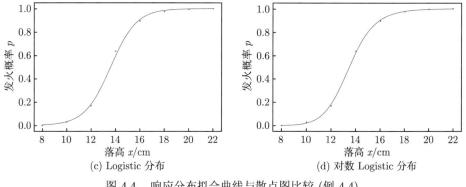

(c) Logistic 分布　　　　　　　　　　　　　(d) 对数 Logistic 分布

图 4.4　响应分布拟合曲线与散点图比较 (例 4.4)

表 4.9　极大似然估计法得到的参数估计

分布类型	参数	参数估计
正态分布	μ	13.6334
	σ	1.9545
对数正态分布	μ	2.5999
	σ	0.1422
Logistic 分布	μ	13.5987
	σ	1.0588
对数 Logistic 分布	μ	2.6004
	σ	0.0772

表 4.10　响应分布参数的极大似然估计及 χ^2-检验结果

分布类型	参数估计	检验水平	$\chi^2(\hat{\mu}, \hat{\sigma})$	拒绝域临界值
对数正态分布	2.6004 0.0772	0.05	6.5270	$\chi^2_{0.05,6} = 12.5916$

第 5 章　基于 Python 语言的算法实现

前面几章介绍的敏感性试验设计方法特别是敏感性优化试验设计方法, 包括 Wu 方法、D-最优方法、优化随机逼近方法以及 3pod 方法等, 均涉及复杂的计算. 因此, 需要借助编程语言来对敏感性试验设计方法进行实现, 以便工程人员或者试验操作者使用. 目前, 统计学者经常使用的编程语言包括: R、MATLAB和Python等. Python语言具有简洁、易懂和可扩展性等优势, 同时也集成了Numpy、Scipy、Matplotlib和Pandas等数据结构、科学计算和画图的工具包. 因此, Python已经成为数据科学领域使用最为广泛的语言之一. 在本书中, 我们也选择使用Python语言对前面介绍的一些敏感性试验设计方法进行实现. 读者可以根据自己的经验和喜好选择其他的编程语言进行实现.

5.1　Python 的安装

利用Python进行编程需要依赖一些成熟的科学计算包, 同时还会使用到一些交互的集成开发环境 (IDE). 为了能够使初学者快速入门, 避免一些烦琐的环境配置和维护过程, 本书重点介绍基于Anaconda进行Python编程.

套件Anaconda的出现是Python初学者的福音, 具有以下几个特点:

(1) 完全开源和免费;

(2) 支持Windows、Linux、Mac三大平台;

(3) 可以方便进行虚拟环境的配置和管理;

(4) 提供了便捷的开源包管理工具.

要安装套件Anaconda, 可以进入其官网https://www.anaconda.com/, 按照图 5.1 页面选择合适的平台版本进行下载. 选择之后, 按照提示进行安装. 完成相关步骤之后, 可以在命令行里面输入conda --version来检查套件Anaconda是否安装成功. 如果要查看所安装的Anaconda和Python的版本信息, 可以通过conda info来实现. 使用conda update conda可以对Anaconda套件进行更新.

在实际应用中, 经常会为不同的工程或者项目建立各自独立的虚拟环境, 便于项目的管理、库版本的控制以及封装环境的一致性控制等. 使用conda进行虚拟环境管理的命令如下:

```
conda create -n [envname] #创建环境
```

```
conda create -n [envname] python = 3.8 #指定Python的版本号
conda create -n [envname] scipy = 1.7.3 #指定特定的库以及版本号
activate [envname] #Windows激活环境
source ./bin/activate #Linux激活环境
deactivate #Windows停用环境
source deactivate #Linux停用环境
```

图 5.1　Anaconda 套件下载界面

网站时常更新, 界面可能有所变化.

利用下面的命令, Anaconda可以方便地进行工具包的更新和管理.

```
python3.8 -m pip install scipy #安装package
python3.8 -m pip install scipy=1.7.3 #安装指定版本的package
python3.8 -m pip install --upgrade scipy #升级package
python3.8 -m pip uninstall scipy #卸载package
python3.8 -m pip show #显示安装pakcages信息
```

这里, 我们默认本书的读者朋友已经掌握了Pyhton编程基础. 在互联网上有大量的学习资料可供Python初学者进行查阅, 市面上也有丰富的基础教程书籍.

5.2　敏感性试验数据分析

传统的敏感性试验设计数据包括一个一维的试验水平和一个二元的试验结果. 利用广义线性模型, Logit 回归或者 Probit 回归, 对数据进行分析, 从而对响应分布进行统计推断. 首先, 我们在本节中介绍利用Python构建一个单因素二元响应敏感性试验数据的类, 实现对数据的记录、交错区间的计算、相关参数的极大似然估计以及可视化展示等功能. 在敏感性试验数据中, 除试验水平序列和试验结果序列以外, 还需要计算最大试验水平、最小试验水平、响应计数、不响应计数、最大 (最小) 不响应试验水平和最大 (最小) 响应试验水平等. 因此, 在类的初始函数中对这些状态量进行初始化.

```
class SingleFactorBRData(object):
    """
    敏感性试验数据
    """
    def __init__(self) -> None:
        super().__init__
        self.tl = [] # 试验水平序列
        self.rl = [] # 试验结果序列
        self.MaxS = -1e32 # 最大试验水平
        self.MinS = 1e32 # 最小试验水平
        self.Max0 = -1e32 # 最大不响应试验水平
        self.Min0 = 1e32 # 最小不响应试验水平
        self.MinX = 1e32 # 最小响应试验水平
        self.MaxX = -1e32 # 最大响应试验水平
        self.res_count = 0 # 试验结果为响应的计数
        self.non_count = 0 # 试验结果为不响应的计数
        self.n = 0 # 目前进行试验的次数
```

在序贯试验进行的过程中, 需要对试验水平序列及相对应的试验结果序列进行记录. 因此, 我们构建了两个函数来对试验数据进行扩充: 批量导入试验数据和一次一个导入试验数据. 批量导入试验数据适合在导入历史数据或者对历史试验数据进行分析时使用. 在序贯试验进行过程中, 适合使用一次一个导入试验数据的函数.

```
class SingleFactorBRData(object):
    """
    敏感性试验数据
    """
    def __init__(self) -> None:
        ...

    def load_exp_data(self, tl, rl):
        """
        批量导入试验数据
        """
        assert len(rl) == len(tl), len(tl) > 1
        self.n = len(tl)
        self.tl = tl
        self.rl = rl
        self.calculate_overlapping() # 计算数据交错区间
```

```python
def add_data(self, level, res):
    """
    一次一个导入试验数据
    """
    self.tl.append(level)
    self.rl.append(res)
    self.n = self.n + 1
    self.__update_overlapping(level, res) # 更新数据交错区间
```

我们知道用 Logit 或者 Probit 模型对单因素敏感性试验设计数据进行建模时, 极大似然估计是经常使用的一种模型参数估计方法. 然而, 极大似然估计存在唯一的充分必要条件是数据存在交错区间. 因此, 我们需要利用一个函数来判断数据是否存在交错区间, 从而判断是否可以使用极大似然估计. 下面给出了函数calculate_overlapping代码, 可以计算敏感性试验数据的最大 (最小) 试验水平、最大 (最小) 具有响应和不响应结果的试验水平, 最后通过判断获得一个bool型的结果, 其中True表示存在交错区间, False表示不存在交错区间. 函数__update_overlapping是在序贯试验的过程中, 在原来试验数据的基础上增加了一个试验数据之后, 判断是否有交错区间, 同样是返回一个bool型的结果.

```python
class SingleFactorBRData(object):
    """
    敏感性试验数据
    """
    def __init__(self) -> None:
        ...

    def load_exp_data(self, tl, rl):
        ...

    def add_data(self, level, res):
        ...

    def calculate_overlapping(self):
        assert len(self.rl) == len(self.tl), self.n > 0

        res_index = np.where(np.array(self.rl) > 0)[0]
        non_index = np.where(np.array(self.rl) < 1)[0]

        sub_res_tl = [self.tl[i] for i in res_index]
        sub_non_tl = [self.tl[i] for i in non_index]
```

```
        self.res_count = len(res_index)
        self.non_count = len(non_index)
        self.MinS = min(self.tl)
        self.MaxS = max(self.tl)
        if self.non_count > 0:
            self.Max0 = max(sub_non_tl)
            self.Min0 = min(sub_non_tl)
        if self.res_count > 0:
            self.MinX = min(sub_res_tl)
            self.MaxX = max(sub_res_tl)

        if self.Max0 > self.MinX and self.Min0 < self.MaxX:
            overlapping_pattern = True
        else:
            overlapping_pattern = False
        return overlapping_pattern

    def __update_overlapping(self, level, res):
        self.MaxS = max(self.MaxS, level)
        self.MinS = min(self.MinS, level)
        if res > 0:
            self.res_count += 1
            self.MinX = min(self.MinX, level)
            self.MaxX = max(self.MaxX, level)
        else:
            self.non_count += 1
            self.Max0 = max(self.Max0, level)
            self.Min0 = min(self.Min0, level)
```

数据存在交错区间之后, 就可以利用极大似然估计方法对模型参数进行估计. 这里, 我们针对Probit模型和Logit模型, 给出了计算似然函数值的Python函数minus _likelihood. 函数minus_likelihood返回基于当前敏感性试验数据的似然函数值. 注意, 为了数值计算的稳定性, 我们对似然函数值进行了截断处理, 取似然函数和 10^{32} 的最小值.

```
class SingleFactorBRData(object):
    ...
    def minus_likelihood(self, param, model='probit'):
        assert len(self.tl) == len(self.rl)
```

```
        if model == 'probit':
            dist = norm
        elif model == 'logit':
            dist = logistic
        else:
            dist = norm
        if param[1] < 0.0:
            return 1e32
        res_prob_list = dist.cdf(self.tl, loc=param[0], scale=param[1])
        res_index = np.where(np.array(self.rl) > 0)[0]
        non_index = np.where(np.array(self.rl) < 1)[0]
        value_minus_likelihood = -1.0 * np.sum(np.log(res_prob_list[
            res_index])) - np.sum(np.log(1.0 - res_prob_list[non_index]))
        return min(value_minus_likelihood, 1e32)
```

函数MLE_estimate是利用BFGS最大化似然函数获得模型参数的极大似然估计.

```
    class SingleFactorBRData(object):
        ...
        def MLE_estimate(self, initial_x=None, model='probit'):
            try:
                assert self.calculate_overlapping()
            except Exception as e:
                return {'Status':0, 'message': 'There is no overlapping
                    pattern', 'mle':None}
            if model == 'probit':
                dist = norm
            elif model == 'logit':
                dist = logistic
            else:
                dist = norm
            if initial_x is None:
                mu_tiled = .5 * (self.Max0 + self.MinX)
                sig_tiled = 1.05
                x0 = np.array([mu_tiled, sig_tiled])
            elif initial_x[1] <= 0.0:
                mu_tiled = .5 * (self.Max0 + self.MinX)
                sig_tiled = 1.05
                x0 = np.array([mu_tiled, sig_tiled])
            else:
                x0 = initial_x
```

```
        def obj(x):
            '''
            定义目标函数
            '''
            return self.minus_likelihood(x)

        def obj_der(x):
            '''
            目标函数的梯度
            '''
            if x[1] < 0.0:
                return np.array([0.0, 0.0])
            norm_tl = (self.tl - x[0]) / x[1]
            ss1 = dist.pdf(norm_tl)
            ss2 = dist.cdf(norm_tl)
            der = np.zeros_like(x)
            res_index = np.where(np.array(self.rl) > 0)[0]
            non_index = np.where(np.array(self.rl) < 1)[0]
            der[0] = np.sum(ss1[res_index] / ss2[res_index]) / x[1] + np.
                sum(-1.0 * ss1[non_index] / (1.0 - ss2 [non_index])) /
                x[1]
            der[1] = np.sum(norm_tl[res_index] * ss1[res_index] / ss2[
                res_index]) / x[1] + np.sum(-1.0 * norm_tl[non_index] *
                ss1[non_index] / (1.0 - ss2 [non_index])) / x[1]
            return der

        res = minimize(obj, x0, method='BFGS', jac=obj_der, options=
            {'disp': False})
        return {'status':1, 'message': 'success', 'mle':res.x}
```

敏感性试验数据的可视化展示可以帮助实验者或者工程人员了解试验进行情况以及数据情况. 下面的两个函数实现了基于敏感性试验数据的画图 (图 5.2) 和将试验数据保存成数据文件的功能.

```
class SingleFactorBRData(object):
    ...
    def export_data(self, type='DF', file_name=''):
        df = pd.DataFrame({"level": self.tl, "result": self.rl})
        if type == "file":
            assert file_name != ''
            df.to_csv(file_name, sep=',', header=True, index=False)
```

```python
        else:
            return df

    def plot(self, save_path=None, file_name=None):
        fig, (ax1, ax2) = plt.subplots(2, 1)
        res_index = np.where(np.array(self.rl) > 0)[0]
        non_index = np.where(np.array(self.rl) < 1)[0]

        sub_res_tl = [self.tl[i] for i in res_index]
        sub_non_tl = [self.tl[i] for i in non_index]

        ax1.scatter(res_index, sub_res_tl, s=20,marker='o', c='red')
        ax1.scatter(non_index, sub_non_tl, s=20,marker='v', c='green')

        ax1.set_xlabel('Number of Experiment')
        ax1.set_ylabel("Level of Experiment")

        ax2.scatter(sub_res_tl, np.ones_like(sub_res_tl),marker='o',
            c='red', alpha=0.3)
        ax2.scatter(sub_non_tl, np.zeros_like(sub_non_tl),marker='v',
            c='green', alpha=0.3)

        ax2.set_xlabel("Level of Experiment")
        ax2.set_ylabel("Result of Experiment")
        plt.tight_layout(h_pad=0.25, w_pad=.25)

        if save_path is None:
            if file_name is None:
                fig.savefig('ShowEpxerimentalData.png',dpi=300)
            else:
                fig.savefig(file_name, dpi=300)
        else:
            if file_name is None:
                fig.savefig(os.path.join(save_path'ShowEpxerimentalData.
                    png'), dpi=300)
            else:
                fig.savefig(os.path.join(save_path,file_name), dpi=300)
```

在实现上述功能的函数中, 需要用到Python的一些库, 比如matplotlib、numpy、scipy、pandas, 导入这些库的代码如下.

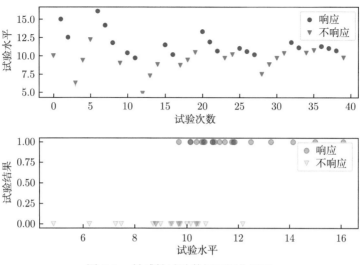

图 5.2   敏感性试验数据可视化展示

```
import numpy as np
import matplotlib.pyplot as plt
import os
from scipy.stats import norm, logistic
from scipy.optimize import minimize
import pandas as pd
```

关于这些库的安装可以参见Python库的官方网站, 更多的代码细节可以参见本书封底的二维码. 下面, 我们给出一个例子来展示如何利用上述代码对搜集到的敏感性试验数据进行分析.

```
import sys #
import numpy as np
import pandas as pd
sys.path.append("../SeqSensitivityTests/") # 加入代码存放的路径
from util import SingleFactorBRData # 自定义的敏感性试验库
import warnings
warnings.filterwarnings("ignore") # 设置警告信息的级别

# 从文本文件中读取试验数据
df = pd.read_csv("../illustrative_example/Langli.csv", header=0,
    index_col=False)
print("{0:=^50}".format("读入的试验数据"))
print(df.head(5))
```

```
# 通过函数批量导入试验数据
m_exp_data = SingleFactorBRData()
m_exp_data.load_exp_data(df['level'], df['result'])
# 数据分析
## 数据交错区间
print("数据是否存在交错区间: {0}".format(m_exp_data.
    calculate_overlapping()))
print("最大和最小试验水平为: {0}和{1}".format(m_exp_data.MinS,
    m_exp_data.MaxS))
print("具有响应结果的最大和最小试验水平为: {0}和{1}".format(m_exp_data.
    MinX, m_exp_data.MaxX))
print("具有不响应结果的最大和最小试验水平为: {0}和{1}".format(m_exp_data.
    MinO, m_exp_data.MaxO))
## 数据可视化
m_exp_data.plot(file_name="ex_5_1.png")
## 计算极大似然估计
mle_parameter = m_exp_data.MLE_estimate()
print("极大似然估计的结果: {0}".format(mle_parameter))
```

输出的结果为

```
====================读入的试验数据====================
   level result
0  10.000  False
1  15.000   True
2  12.500   True
3   6.250  False
4   9.375  False
数据是否存在交错区间: True
最大和最小试验水平为: 4.84619140625和16.09375
具有响应结果的最大和最小试验水平为: 9.6923828125和16.09375
具有不响应结果的最大和最小试验水平为: 4.84619140625和12.1875
极大似然估计的结果: {'status': 1, 'message': 'success', 'mle': array
    ([10.44878556, 1.03303811])}
```

5.3　优化试验设计的 Python 实现

在这一节中, 我们介绍各种敏感性优化试验设计的Python代码实现. 首先, 定义一个用于单因素二元响应敏感性试验的基础类SingleFactorProcedure, 包含了初始化、确定下一个试验水平以及添加试验数据的三个基本功能函数.

```python
class SingleFactorProcedure(ABC):
    def __init__(self) -> None:
        super().__init__()
        self.data = SingleFactorBRData()

    @abstractmethod
    def next(self):
        pass

    def run_exp(self, level, res):
        self.data.add_data(level, res)
```

5.3.1　升降法

在上面这个基础类的基础上, 下面的代码给出了升降法试验设计的实现代码.

```python
class up_down(SingleFactorProcedure):
    """
    """
    def __init__(self, start, step, N) -> None:
        super().__init__()
        self.data = SingleFactorBRData()
        self.start = start
        self.step = step
        self.N = N

    def next(self):
        assert self.data.n <= self.N
        if self.data.n == 0:
            return self.start
        return self.data.tl[-1] - 2 * (self.data.rl[-1] - .5) * self.step
```

利用代码进行升降法模拟的代码示例如下.

```python
import sys
import numpy as np
import argparse
import pandas as pd
sys.path.append("../SeqSensitivityTests/")
```

```
from util import SingleFactorBRData
from procedures import up_down, SingleBinarySimulator
import warnings
warnings.filterwarnings("ignore")

m_sim = SingleBinarySimulator('norm', 10, 1) # 真实的响应分布模型
mu_g = 9 # 位置参数猜测值
sig_g = 1.5 # 刻度参数猜测值
N = 40 # 样本量个数
m_pro = up_down(mu_g, sig_g, N)
for i in range(N):
    temp_level = m_pro.next()
    temp_res = m_sim.do_test(temp_level)
    print("The {0}-th test is run at {1} and the result is {2}".format(i
        , temp_level, temp_res))
    m_pro.run_exp(temp_level, temp_res)
m_pro.data.plot(file_name="ex_5_2.png")
m_pro.data.export_data(type="file", file_name="up_down.csv") # 导出试验
    数据
```

试验过程数据 (详细的试验数据见图 5.3) 为

```
The 0-th test is run at 9 and the result is False
The 1-th test is run at 10.5 and the result is False
The 2-th test is run at 12.0 and the result is True
The 3-th test is run at 10.5 and the result is False
The 4-th test is run at 12.0 and the result is True
The 5-th test is run at 10.5 and the result is True
...
```

完成 40 次试验之后的估计结果为

```
数据是否存在交错区间: True
最大和最小试验水平为: 7.5和12.0
具有响应结果的最大和最小试验水平为: 9和12.0
具有不响应结果的最大和最小试验水平为: 7.5和10.5
极大似然估计的结果: {'status': 1, 'message': 'success', 'mle': array
    ([9.9496, 1.5106])}
```

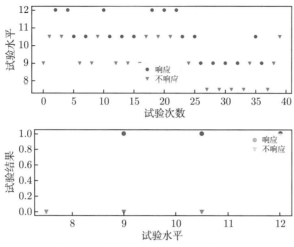

图 5.3　升降法试验数据可视化展示

5.3.2　兰格利法

这一部分我们给出了兰格利法的实现代码.

```python
class Langli(SingleFactorProcedure):
    """
    """
    def __init__(self, L, U, N) -> None:
        super().__init__()
        self.L = L
        self.U = U
        self.N = N
        self.data = SingleFactorBRData()

    def next(self):
        assert self.data.n <= self.N
        if self.data.n == 0:
            return .5 * (self.L + self.U)
        temp_res_count = 0
        temp_non_count = 0
        for i in range(1, self.data.n + 1):
            if self.data.rl[-i] == 1:
                temp_res_count = temp_res_count + 1
            else:
                temp_non_count = temp_non_count + 1
```

```
        if temp_res_count == temp_non_count:
            return .5 * (self.data.tl[-i] + self.data.tl[-1])
    if self.data.rl[-1] == 1:
        return .5 * (self.data.tl[-1] + self.L)
    else:
        return .5 * (self.data.tl[-1] + self.U)
```

利用上述代码进行兰格利法模拟试验的代码如下.

```
import sys
import numpy as np
import argparse
import pandas as pd
sys.path.append("../SeqSensitivityTests/")
from util import SingleFactorBRData
from procedures import Langli, SingleBinarySimulator
import warnings
warnings.filterwarnings("ignore")

m_sim = SingleBinarySimulator('norm', 10, 1) # 真实的响应分布模型
L = 0 # 试验区域下界
U = 16 # 试验区域上界
N = 40 # 样本量个数
m_pro = Langli(L, U, N)
for i in range(N):
    temp_level = m_pro.next()
    temp_res = m_sim.do_test(temp_level)
    print("The {0}-th test is run at {1} and the result is {2}".format(i
        , temp_level, temp_res))
    m_pro.run_exp(temp_level, temp_res)
m_pro.data.plot(file_name="ex_5_3.png")
m_pro.data.export_data(type="file", file_name="Langli.csv") # 导出试验数
    据
## 数据交错区间
print("数据是否存在交错区间: {0}".format(m_pro.data.
    calculate_overlapping()))
print("最大和最小试验水平为: {0}和{1}".format(m_pro.data.MinS, m_pro.
    data.MaxS))
print("具有响应结果的最大和最小试验水平为: {0}和{1}".format(m_pro.data.
    MinX, m_pro.data.MaxX))
print("具有不响应结果的最大和最小试验水平为: {0}和{1}".format(m_pro.data.
```

```
    Min0, m_pro.data.Max0))
## 计算极大似然估计
mle_parameter = m_pro.data.MLE_estimate()
print("极大似然估计的结果: {0}".format(mle_parameter))
```

试验过程数据 (详细的试验数据见图 5.4) 为

```
The 0-th test is run at 8.0 and the result is False
The 1-th test is run at 12.0 and the result is True
The 2-th test is run at 10.0 and the result is True
The 3-th test is run at 5.0 and the result is False
The 4-th test is run at 7.5 and the result is False
The 5-th test is run at 9.75 and the result is False
The 6-th test is run at 12.875 and the result is True
...
```

参数估计和试验数据可视化结果为

```
数据是否存在交错区间: True
最大和最小试验水平为: 5.0和13.8086
具有响应结果的最大和最小试验水平为: 9.5957和13.8086
具有不响应结果的最大和最小试验水平为: 5.0和11.6172
极大似然估计的结果: {'status': 1, 'message': 'success', 'mle': array
    ([10.0665, 0.9892])}
```

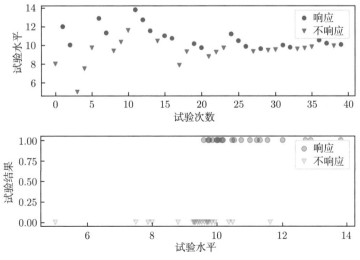

图 5.4　兰格利试验数据可视化展示

5.3.3　D-最优设计方法

这一部分, 我们给出 D-最优设计方法 (Sen-Test) 的Python代码实现.

```python
class SenTest_Doptimal(SingleFactorProcedure):
    """
    """
    def __init__(self, L, U, sig_g, N) -> None:
        super().__init__()
        self.data = SingleFactorBRData()
        self.N = N
        self.L = L
        self.U = U
        self.sig_g = sig_g
    def next(self):
        assert self.data.n <= self.N
        if self.data.n == 0:
            return .5 * (self.L + self.U)
        if self.data.n == 1:
            if self.data.rl[0] == 1:
                return np.minimum(.5 * (self.L + self.data.tl[0]), self.
                    data.tl[0] - 2.0 * self.sig_g)
            else:
                return np.maximum(.5 * (self.U + self.data.tl[0]), self.
                    data.tl[0] + 2.0 * self.sig_g)
        else:
            self.data.calculate_overlapping()
            if self.data.res_count == self.data.n:
                return np.minimum(.5 * (self.L + self.data.MinS), self.
                    data.MinS - 2.0 * self.sig_g, 2.0 * self.data.MinS -
                    self.data.MaxS)
            elif self.data.non_count == self.data.n:
                return np.maximum(.5 * (self.U + self.data.MaxS), self.
                    data.MaxS + 2.0 * self.sig_g, 2.0 * self.data.MaxS -
                    self.data.MinS)
            else:
                Diff = self.data.MinX - self.data.Max0
                if Diff > self.sig_g:
                    return .5 * (self.data.MinX + self.data.Max0)
                elif Diff > 0.0:
                    param_hat = np.array([.5 * (self.data.MinX + self.data.
                        Max0), self.sig_g])
```

```
        def obj(x):
            add_tl = self.data.tl.copy()
            add_tl.extend(x)
            return self.data.Doptimal_criterion(add_tl,
                param_hat)
        x0 = self.data.MinS - 4.0 * self.sig_g
        search_step = 0.2 * (self.data.MaxS - self.data.MinS +
            8.0 * self.sig_g)
        best_DoptimalCri = 1e32
        best_level = 0.0
        while x0 <= self.data.MaxS + 4.0 * self.sig_g:
            res = minimize(obj, x0, method='nelder-mead',
                options={'xatol': 1e-8, 'disp': False})
            if res.fun < best_DoptimalCri:
                best_DoptimalCri = res.fun
                best_level = res.x[0]
            x0 = x0 + search_step
        self.sig_g = .8 * self.sig_g
        return best_level
    else:
        param_hat = self.data.MLE_estimate()['mle']
        print(param_hat)
        param_hat[1] = np.minimum(param_hat[1], self.data.MaxS
            - self.data.MinS)
        param_hat[0] = np.maximum(self.data.MinS, np.minimum(
            param_hat[0], self.data.MaxS))
        def obj(x):
            add_tl = self.data.tl.copy()
            add_tl.extend(x)
            return self.data.Doptimal_criterion(add_tl,
                param_hat)
        x0 = self.data.MinS - 4.0 * self.sig_g
        search_step = 0.2 * (self.data.MaxS - self.data.MinS +
            8.0 * self.sig_g)
        best_DoptimalCri = 1e32
        best_level = 0.0
        while x0 <= self.data.MaxS + 4.0 * self.sig_g:
            res = minimize(obj, x0, method='nelder-mead',
                options={'xatol': 1e-8, 'disp': False})
            if res.fun < best_DoptimalCri:
```

```
                        best_DoptimalCri = res.fun
                        best_level = res.x[0]
                 x0 = x0 + search_step
            return best_level
```

利用上述代码进行 D-最优方法模拟试验的代码如下.

```
import sys
import numpy as np
import argparse
import pandas as pd
sys.path.append("../SeqSensitivityTests/")
from util import SingleFactorBRData
from procedures import SenTest_Doptimal, SingleBinarySimulator
import warnings
warnings.filterwarnings("ignore")

m_sim = SingleBinarySimulator('norm', 10, 1) # 真实的响应分布模型
L = 0 # 试验区域下界
U = 16 # 试验区域上界
sig_g = 1.5 # 刻度参数猜测值
N = 40 # 样本量个数
m_pro = SenTest_Doptimal(L, U, sig_g, N)
for i in range(N):
    temp_level = m_pro.next()
    temp_res = m_sim.do_test(temp_level)
    print("The {0}-th test is run at {1} and the result is {2}".format(i
        , temp_level, temp_res))
    m_pro.run_exp(temp_level, temp_res)
m_pro.data.plot(file_name="ex_5_5.png")
m_pro.data.export_data(type="file", file_name="SenTest.csv") # 导出试验
    数据
## 数据交错区间
print("数据是否存在交错区间: {0}".format(m_pro.data.
    calculate_overlapping()))
print("最大和最小试验水平为: {0}和{1}".format(m_pro.data.MinS, m_pro.
    data.MaxS))
print("具有响应结果的最大和最小试验水平为: {0}和{1}".format(m_pro.data.
    MinX, m_pro.data.MaxX))
print("具有不响应结果的最大和最小试验水平为: {0}和{1}".format(m_pro.data.
    Min0, m_pro.data.Max0))
```

```
## 计算极大似然估计
mle_parameter = m_pro.data.MLE_estimate()
print("极大似然估计的结果: {0}".format(mle_parameter))
```

试验过程数据 (详细的试验数据见图 5.5) 为

```
The 0-th test is run at 8.0 and the result is False
The 1-th test is run at 12.0 and the result is True
The 2-th test is run at 10.0 and the result is True
The 3-th test is run at 9.0 and the result is False
The 4-th test is run at 11.551404640972613 and the result is True
The 5-th test is run at 8.010358573913575 and the result is False
The 6-th test is run at 9.5 and the result is False
The 7-th test is run at 10.902453256726266 and the result is True
The 8-th test is run at 10.662100118331907 and the result is True
The 9-th test is run at 9.027909610416414 and the result is True
...
```

参数估计和试验数据可视化结果为

```
数据是否存在交错区间: True
最大和最小试验水平为: 8.0和12.0
具有响应结果的最大和最小试验水平为: 8.897948178932193和12.0
具有响应结果的最大和最小试验水平为: 8.0和10.725034465470884
极大似然估计的结果: {'status': 1, 'message': 'success', 'mle':array
    ([9.74131692, 0.85693466])}
```

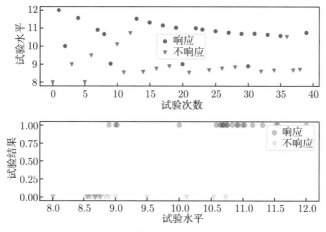

图 5.5 D-最优试验数据可视化展示

5.3.4 3pod 方法

这一部分, 我们给出 3pod 方法的Python代码实现.

```python
class TriPOD(SingleFactorProcedure):
    """
    """
    def __init__(self, mu_g, sig_g, N1, N2, p) -> None:
        super().__init__()
        self.mu_g = mu_g
        self.sig_g = sig_g
        self.N1 = N1
        self.N2 = N2
        self.p = p
        self.data = SingleFactorBRData()
        self.L = mu_g - 3.0 * sig_g
        self.U = mu_g + 3.0 * sig_g
        self.cont_non = False
        self.cont_res = False
        self.enhance_overlapping = True
        self.II2III = True
        self.xi_g = None
        self.tau_square = None
        self.beta = None
        self.nu_k = []
        self.a_k = []
        self.b_k = []
        self.c_k = []
        self.tau_square_k = []

    def next(self):
        """
        """
        # assert self.data.n <= self.N1 + self.N2
        if self.data.n == 0:
            return .75 * self.L + .25 * self.U
        elif self.data.n == 1:
            return .25 * self.L + .75 * self.U
        elif self.data.n <= self.N1:
            self.data.calculate_overlapping()
            if self.data.res_count == self.data.n:
                return self.data.MinS - 1.5 * (self.data.n - 1) * self.sig_g
```

```
    elif self.data.non_count == self.data.n:
        return self.data.MaxS + 1.5 * (self.data.n - 1) * self.sig_g
else:
    if self.data.n == 2 and self.data.rl[0] == 1 and self.data.rl
        [1] == 0.
        return [self.L-3.0 * self.sig_g,self.U+3.0*self.sig_g]
    else:
        Diff = self.data.MinX - self.data.Max0
        if Diff > 1.5 * self.sig_g:
            res = self.data.profile_MLE(self.sig_g)
            return res[0]
        elif Diff > 0.0:
            if self.data.non_count > self.data.res_count or self.
                cont_non:
                if self.cont_non:
                    res = self.data.Max0 - 0.3 * self.sig_g
                    self.sig_g = 2.0 / 3.0 * self.sig_g
                    self.cont_non = False
                    return res
                else:
                    self.cont_non = True
                    return self.data.MinX + 0.3 * self.sig_g
            else:
                if self.cont_res:
                    res = self.data.MinX + 0.3 * self.sig_g
                    self.sig_g = 2.0 / 3.0 * self.sig_g
                    self.cont_res = False
                else:
                    self.cont_res = True
                    return self.data.Max0 - 0.3 * self.sig_g
        else:
            if self.enhance_overlapping:
                self.enhance_overlapping = False
                if Diff < -1.0 * self.sig_g:
                    return .5 * (self.data.MinX + self.data.Max0)
                else:
                    return [.5 * (self.data.MinX + self.data.Max0 +
                        self.sig_g), .5 * (self.data.MinX + self.
                        data.Max0 - self.sig_g)]
            param_hat = self.data.MLE_estimate()['mle']
```

```
                    print(param_hat)
                    param_hat[1] = np.minimum(param_hat[1], self.data.MaxS
                        - self.data.MinS)
                    param_hat[0] = np.maximum(self.data.MinS, np.minimum(
                        param_hat[0], self.data.MaxS))
                    def obj(x):
                        add_tl = self.data.tl.copy()
                        add_tl.extend(x)
                        return self.data.Doptimal_criterion(add_tl,
                            param_hat)
                    x0 = self.data.MinS - 4.0 * self.sig_g
                    search_step = 0.2 * (self.data.MaxS - self.data.MinS +
                        8.0 * self.sig_g)
                    best_DoptimalCri = 1e32
                    best_level = 0.0
                    while x0 <= self.data.MaxS + 4.0 * self.sig_g:
                        res = minimize(obj, x0, method='nelder-mead',
                            options={'xatol': 1e-8, 'disp': False})
                        if res.fun < best_DoptimalCri:
                            best_DoptimalCri = res.fun
                            best_level = res.x[0]
                        x0 = x0 + search_step
                    return best_level
        else:
            assert self.data.n <= self.N1 + self.N2
            if self.II2III:
                self.II2III = False
            param_hat = self.data.MLE_estimate()['mle']
            param_hat[1] = np.minimum(param_hat[1], self.data.MaxS - self
                .data.MinS)
            param_hat[0] = np.maximum(self.data.MinS, np.minimum(
                param_hat[0], self.data.MaxS))
            self.xi_g = param_hat[0] + param_hat[1] * norm.ppf(self.p)

            info_matrix = self.data.compute_FisherMatrix_Gaussian(self.
                data.tl, param_hat)
            self.tau_square = (info_matrix[2] - 2.0 * info_matrix[1] *
                norm.ppf(self.p) + info_matrix[0] * norm.ppf(self.p) ** 2) /
                (info_matrix[0] * info_matrix[2] - info_matrix[1] ** 2)
            self.tau_square = np.maximum(np.minimum(self.tau_square,
```

```
                    6.5079), 2.3429)
            self.beta = 1.0 / param_hat[1]

            temp_nu = self.beta ** 2 * self.tau_square
            self.nu_k.append(temp_nu)
            self.tau_square_k.append(self.tau_square)
            return self.xi_g
        else:
            temp_nu = self.nu_k[-1]
            temp_tau_square = self.tau_square_k[-1]
            temp_term = norm.ppf(self.p) / (1 + temp_nu ) ** .5
            temp_b = norm.cdf(temp_term)
            temp_c = norm.pdf(temp_term) * temp_nu / (1 + temp_nu) ** .5
            temp_a = temp_c / (self.beta * temp_b * (1 - temp_b))
            self.a_k.append(temp_a)
            self.b_k.append(temp_b)
            self.c_k.append(temp_c)
            self.tau_square_k.append(temp_tau_square - temp_b * (1.0 -
                temp_b) * temp_a ** 2)
            self.nu_k.append(temp_nu - temp_c ** 2 / (temp_b * (1.0 -
                temp_b)))
            return self.data.tl[-1]-temp_a*(self.data.rl[-1]-temp_b)
```

利用上述代码进行 3pod 模拟试验的代码如下.

```
import sys
import numpy as np
import argparse
import pandas as pd
sys.path.append("../SeqSensitivityTests/")
from util import SingleFactorBRData
from procedures import TriPOD, SingleBinarySimulator
import warnings
warnings.filterwarnings("ignore")

m_sim = SingleBinarySimulator('norm', 10, 1) # 真实的响应分布模型

# Test TriPOD
N1 = 25 # 前两段试验样本量
N2 = 15 # 第三段试验样本量
mu_g = 11 # 位置参数猜测值
```

```
sig_g = 3.0 # 刻度参数猜测值
p = 0.9 # 感兴趣的概率值
m_pro = TriPOD(mu_g, sig_g, N1, N2, p)
for i in range(N1 + N2):
    temp_level = m_pro.next()
    if isinstance(temp_level, list):
        for i in temp_level:
            temp_res = m_sim.do_test(i)
            print("The {0}-th test is run at {1} and the result is {2}".
                format(i, temp_level, temp_res))
            m_pro.run_exp(i, temp_res)
    else:
        temp_res = m_sim.do_test(temp_level)
        print("The {0}-th test is run at {1} and the result is {2}".
            format(i, temp_level, temp_res))
        m_pro.run_exp(temp_level, temp_res)
m_pro.data.plot(file_name="ex_5_6.png")
m_pro.data.export_data(type="file", file_name="tripod.csv") # 导出试验数据
## 数据交错区间
print("数据是否存在交错区间:{0}".format(m_pro.data.calculate_overlapping()))
print("最大和最小试验水平为:{0}和{1}".format(m_pro.data.MinS, m_pro.data.
    MaxS))
print("具有响应结果的最大和最小试验水平为: {0}和{1}".format(m_pro.data.MinX,
    m_pro.data.MaxX))
print("具有不响应结果的最大和最小试验水平为: {0}和{1}".format(m_pro.data.
    MinO, m_pro.data.MaxO))
## 计算极大似然估计
mle_parameter = m_pro.data.MLE_estimate()
print("极大似然估计的结果: {0}".format(mle_parameter))
```

试验过程数据 (详细的试验数据见图 5.6) 为

```
The 0-th test is run at 6.5 and the result is False
The 1-th test is run at 15.5 and the result is True
The 2-th test is run at 11.000000032782555 and the result is True
The 3-th test is run at 8.649413054248022 and the result is False
The 4-th test is run at 7.749413054248022 and the result is False
The 5-th test is run at 11.900000032782556 and the result is True
The 6-th test is run at 7.749413054248022 and the result is False
...
```

参数估计和试验数据可视化结果为

数据是否存在交错区间: True
最大和最小试验水平为: 6.5和15.5
具有响应结果的最大和最小试验水平为: 9.242222835975294和15.5
具有不响应结果的最大和最小试验水平为: 6.5和10.62334669053616
极大似然估计的结果: {'status': 1, 'message': 'success', 'mle':array
    ([9.89975873, 0.70071238])}

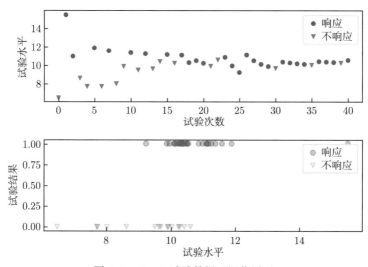

图 5.6   3pod 试验数据可视化展示

参 考 文 献

[1] WU J C. Efficient sequential designs with binary data[J]. Journal of the American Statistical Association, 1985, 80: 974-984.

[2] 田玉斌. 敏感性产品的可靠性评估方法研究[D]. 北京: 北京理工大学, 2000.

[3] 刘宝光. 敏感性数据分析与可靠性评定[M]. 北京: 国防工业出版社, 1995.

[4] 严楠. 感度试验设计方法的若干研究[D]. 北京: 北京理工大学, 1996.

[5] DIXON W J, MOOD A M. A method for obtaining and analyzing sensitivity data[J]. J. Am. Stat. Assoc., 1948, 43(241): 109-126.

[6] LANGLIE H J. A reliability test method for "one-shot" items[Z]. [S.l.: s.n.], 1962.

[7] NEYER B T. A D-optimality-based sensitivity test[J]. Technometrics, 1994, 36(1): 61-70.

[8] MORGAN B J T. Analysis of Quantal Response Data[M]. London: Chapman and Hall, 1992.

[9] DROR H A, STEINBERG D M. Sequential experimental designs for generalized linear models[J]. Journal of the American Statistical Association, 2008, 103(481): 288-298.

[10] WU C J, TIAN Y. Three-phase optimal design of sensitivity experiments[J]. Journal of Statistical Planning and Inference, 2014, 149: 1-15.

[11] JOSEPH V R. Efficient Robbins-Monro procedure for binary data[J]. Biometrika, 2004, 91(2): 461-470.

[12] FINNEY D J. Statistical Method in Biological Assay[M]. 3rd ed. High Wycombe: Charles Griffin, 1978.

[13] LOÈVE M. Probability Theory II[M]. 4th ed. Berlin, Heidelberg: Springer-Verlag, 1978.

[14] SILVAPULLE M J. On the existence of maximum likelihood estimators for the binomial response models[J]. J. Roy. Stat. Soc. Ser. B, 1981, 43: 310-313.

[15] DATTA S. Consistency of the mle for a general sequential design problem[J/OL]. Sankhyā: The Indian Journal of Statistics, Series A (1961-2002), 1995, 57(1): 88-99. http://www.jstor.org/stable/25051033.

[16] DATTA S, HANNAN J F. A uniform L_1 law of large numbers for functions on a totally bounded metric space[J]. Sankhyā: The Indian Journal of Statistics, Series A (1961-2002), 1997, 59(2): 167-174.

[17] HUNG W W, BING L I. Laplace expansion for posterior densities of nonlinear functions of parameters[J]. Biometrika, 1992, 79(2): 393-398.

[18] MEYERS W H. Design of explosive logic elements[R]. US 12th Symposium on Explosives and Pyrotechnics, San Diego, CA, USA, 1984.

[19] 温玉全, 卢斌, 焦清介. 改进间隙式爆炸零门的设计及可靠性研究[J]. 火工品, 2001(4): 6-8.

[20] 徐厚宝, 周利钦, 于海江. 爆炸药间隙零门可靠性窗口分析[J]. 数学的实践与认识, 2017, 47(9): 219-226.

[21] XU H B, LI M. Reliability analysis for gap null gate by bivariate T-distribution [C]//2017 IEEE International Conference on Industrial Engineering & Engineering Management: volume 47, 2017: 1863-1867.

[22] LI M, XU H B. Reliability analysis for gap null gate based on model comparison criterion[J]. Journal of Applied Statistics, 2020, 47: 1493-1509.

[23] MURTAUGH P A, FISHER L D. Bivariate binary models of efficacy and toxicity in dose-ranging trials[J]. Communications in Statistics - Theory and Methods, 1990, 19: 2003-2020.

[24] DRAGALIN V, FEDOROV V. Adaptive designs for dose-finding based on efficacy-toxicity response[J]. Journal of Statistical Planning and Inference, 2006, 136: 1800-1823.

[25] COX D R. The Analysis of Binary Data[M]. London: Chapman & Hall, 1970.

[26] ISAAC R. On equitable ratios of Dubins-Freedman type[J]. Statistics & Probability Letters, 1999, 42: 1-6.

[27] ANDREWS D F, STAFFORD J E. Symbolic Computation for Statistical Inference [M]. Oxford: Oxford Univ. Press, 2000.

[28] KANG L, DENG X, JIN R. Bayesian d-optimal design of experiments with continuous and binary responses[C]//International conference on design of experiments (ICODOE-2016). The University of Memphis, 2016.

[29] KIM S, KAO M H. Locally optimal designs for mixed binary and continuous responses [J]. Statistics and Probability Letters, 2019, 148: 112-117.

[30] LINDLEY D V, SMITH A F M. Bayes estimators for the linear model (with discussion) [J]. J. Roy. Statist. Soc. Ser. B, 1972, 34: 1-41.

[31] LINDLEY D V. On a measure of the information provided by an experiment[J]. The Annals of Mathematical Statistics, 1956, 27: 986-1005.

[32] CHALONER K, LARNTZ K. Optimal Bayesian design applied to logistic regression experiments[J]. Journal of Statistical Planning and Inference, 1989, 21: 191-208.

[33] CHALONER K, VERDINELLI I. Bayesian experimental design: A review[J]. Statistical Science, 1995, 10: 273-304.

[34] CLYDE M A. Bayesian Designs for Approximate Normality[M]//HEIDELBERG. MODA4: Advances in Model-Oriented Data Analysis. Physica: Springer, 1995: 25-35.

[35] JOSEPH V R. Bayesian computation using design of experiments-based interpolation technique[J]. Technometrics, 2012, 54: 209-225.

[36] PRAKASA RAO B L S. Nonparametric Functional Estimation[M]. Orlando Florida: Academic Press, 1983.

[37] WAND M P, JONES M C. Kernel Smoothing[M]. New York: CRC Press, 1994.

[38] RUPPERT D, SHEATHER S J, WAND M P. An effective bandwidth selector for local least squares regression[J]. Journal of the American Statistical Association, 1995, 90(432): 1257-1270.

[39]   GROSJEAN C, GOOVAERTS M. The analytical evaluation of one-dimensional gaus-
       sian path-integrals[J/OL]. Journal of Computational and Applied Mathematics, 1988,
       21(3): 311-331.

[40]   杨振海, 安保社. 基于成败型不完全数据的参数估计[J]. 应用概率统计, 1994, 10(2):
       142-147.

[41]   陈希孺. 广义线性模型的拟似然法[M]. 合肥: 中国科学技术大学出版社, 2011.

[42]   CHAO M T, FUH C D. Bootstrap methods for the up and down test on pyrotechnics
       sensitivity analysis[J]. Statistica Sinica, 2001, 11: 1-21.

[43]   ROEDIGER P A. Gonogo: An R implementation of test methods to perform. Analyze
       and Simulate Sensitivity Experiments. arXiv preprint arXiv, 2019. 1117, 2020.

索　引

"统计与数据科学丛书"已出版书目